中国电力建设企业协会
CHINA ELECTRIC POWER CONSTRUCTION ASSOCIATION

U0393821

电力建设土建工程
施工、试验及验收标准表式

第2部分　试验

中国电力建设企业协会　编

中国电力出版社
CHINA ELECTRIC POWER PRESS

图书在版编目（CIP）数据

电力建设土建工程施工、试验及验收标准表式. 第2部分, 试验 / 中国电力建设企业协会编. —北京：中国电力出版社，2013.9（2017.5 重印）
ISBN 978-7-5123-4882-0

Ⅰ. ①电…　Ⅱ. ①中…　Ⅲ. ①电力工程－工程试验－标准－中国　Ⅳ. ①TM7-65

中国版本图书馆 CIP 数据核字（2013）第 209810 号

中国电力出版社出版、发行

（北京市东城区北京站西街 19 号　100005　http://www.cepp.sgcc.com.cn）
航远印刷有限公司印刷
各地新华书店经售

＊

2013 年 9 月第一版　2017 年 5 月北京第三次印刷
880 毫米×1230 毫米　16 开本　17.25 印张　549 千字
印数 3001—4000 册　定价 **80.00** 元

关于印发《电力建设土建工程施工、试验及验收标准表式》的通知

火电建标〔2013〕1号

各会员单位:

为了规范和统一电力建设土建工程施工、试验及验收等项目文件的编制,电力行业火电建设标准化技术委员会依据《电力建设施工技术规范 第 1 部分: 土建结构工程》(DL 5190.1—2012)、《电力建设施工技术规范 第 9 部分: 水工结构工程》(DL 5190.9—2012)、《建筑工程检测试验技术管理规范》(JGJ 190—2010)、《房屋建筑和市政基础设施工程质量检测技术管理规范》(GB 50618—2011)、《电力建设施工质量验收及评价规程 第 1 部分: 土建工程》(DL/T 5210.1—2012)等和国家现行相关标准的规定,组织编制了《电力建设土建工程施工、试验及验收标准表式》,现印发给你们,请遵照执行。

附件:《电力建设土建工程施工、试验及验收标准表式》

电力行业火电建设标准化技术委员会

2013 年 6 月 26 日

编 制 说 明

本部分为《电力建设土建工程施工、试验及验收标准表式 第 2 部分 试验》，主要包括检测委托、检测记录和检测报告的典型表式。各试验室应遵照使用，未列入的试验项目应根据国家现行标准增加相应试验表式。

本部分由土建工程检测委托单、土建工程检测记录、土建工程检测报告三部分表式组成，是对目前大部分试验检测企业所采用的相应表式的汇总、梳理、补充和完善。依据 DL/T 5210.1《电力建设施工质量验收及评定规程 第 1 部分：土建工程》等现行国家标准、电建质监〔2005〕56 号《电力建设工程土建试验室资质认证管理办法》中一级试验室试验项目的要求，并结合 GB 50618《房屋建筑和市政基础设施工程质量检测技术管理规范》的要求，在收集、整理资料后编写表式，并经过多次讨论、研究、修改而成，满足电力工程建设过程中原材料、构配件、施工过程、工程实体检测等试验检测的需要。本部分表格内容完整、信息全面、格式设置合理、通用性好，能够有效地规范检测资料的填写和格式的统一，促进检测工作的规范性。其所列表式是常用的表式，未列入的试验检测表式可根据国家现行标准另行增加。

本部分由中国电力建设企业协会组织编写，河南省电力建设工程质量监督中心站主编，河南省豫电土建工程质量检测中心、浙江电力建设土建质量检测中心有限公司、西北电建四公司参编。

主要起草人：任德昌、赵云北、余淑芳、李胜利、李宗良、陈霞、秦松鹤、李洛凤、徐敏。

主要审查人：范幼林、孙东海、沈铭曾、金麟、张孝谦、高德荣、楼海英、冯佳昱、夏德春、杨棨、丁瑞明、王淑燕。

本部分自 2013 年 6 月 26 日起实施。

本部分在执行过程中的意见或建议反馈至中国电力建设企业协会（北京市西城区南线阁路甲 39 号院内，邮编 100053）。

填 写 说 明

1. 表式编号为"汉语拼音的声母组合": 委托编号 (JCWT) ——含义是检测委托, 记录编号 (JCJL) ——含义是检测记录, 报告编号 (JCBG) ——含义是检测报告。

2. 样表中, 委托编号、记录编号和报告编号, 只作为示例, 未作统一规定。

3. 报告中样品状态描述的填写规定。样品的状态描述是表示样品是否有影响检测结果的缺陷, 应填写"样品无影响试验结果的缺陷"或者"有影响检测结果的缺陷 (缺陷名称、缺陷程度)"。如: 水泥、掺合料有 (大量、少量) 结块现象; 外加剂有 (少许、严重) 沉淀、结晶现象; 混凝土、砂浆试件有缺棱掉角、有 (严重) 的蜂窝现象; 钢筋及焊接试件有 (严重) 烧伤、(严重) 划痕现象、对接不在一条轴线上等外观检查时发现的缺陷项。

4. 表式中, "委托单编号、委托日期、委托单位、工程名称、单位工程名称、工程部位、见证单位、见证人及证书编号、取样人及证书编号、送样人"等内容均按委托单信息如实填写。

5. 原材料类的表式中, "生产厂家 (产地)、牌号、品种、规格、强度等级、供货单位、出厂编号、质保书编号、炉 (批) 号、出厂日期、进场日期、取样地点、取样日期、进场数量、代表数量、状态描述"等内容按委托单及厂家质保书信息如实填写。

6. 各类检测 (试验) 中, 检测参数的选择、取样频率、代表数量等均应符合国家现行有关标准要求。

7. 表式内的"年、月、日"常填写为 2013 年 05 月 20 日, 这次取消"年、月、日", 以后统一写为 2013.5.20。

8. 结构实体钢筋保护层检测报告中, "梁类构件保护层的允许偏差"、"板类构件保护层的允许偏差"按设计要求填写, 无设计要求时依据 GB 50204 中的要求填写。

9. 部分同条件混凝土抗压强度检测, 须由监理对试块的取样、养护、送检及检测全过程进行见证。对本部分检测项目, 检测记录和检测报告均须经见证人员签字, 确认见证检测过程。全过程见证取样检测项目的检测报告, 应加盖"见证取样检测专用章"。

10. 用于主体结构验收留置的同条件养护试块, 委托单位在填写委托单时, 应填写同条件养护"累计温度", 并附有累计温度记录表。

11. 委托、记录、报告的编号, 宜按试验种类和年份流水编号, 全年连续下来, 不得重复和空号。

12. "检测依据"一栏填写检测试验方法、试验规程的编号及名称。

13. "评定依据"一栏填写结论判断依据的标准编号及名称或设计文件, 如产品标准、验收规范、设计要求等。

14. "结论"一栏填写检测试验结论。要按相关材料的质量标准、委托方要求、设计文件等给出明确的判定。

目　　录

第二部分　填写样表

第一部分 标 准 表 式

1 土建工程检测委托单

水泥检测委托单

委托编号：

委托单位		见证单位	
工程名称		单位工程名称	
水泥厂家、牌号		品种	
强度等级		出厂编号	
出厂日期		进场日期	
代表数量 t		取样数量 kg	
取样地点		样品状态	正常（　）异常（　）
样品编号		检测周期	

<table>
<tr><td colspan="13" align="center">委托参数</td></tr>
<tr><td colspan="3" align="center">主要检测参数</td><td colspan="10" align="center">其他检测参数</td></tr>
<tr><td>胶砂强度</td><td>安定性</td><td>凝结时间</td><td>胶砂流动度</td><td>不溶物</td><td>烧失量</td><td>三氧化硫</td><td>氧化镁</td><td>氯离子</td><td>密度</td><td>细度、（比表面积）</td><td>水化热</td><td>碱含量</td></tr>
<tr><td></td><td></td><td></td><td></td><td></td><td></td><td></td><td></td><td></td><td></td><td></td><td></td><td></td></tr>
</table>

依据标准	1. 按规定留样　　是□　　否□ 2. 按约定留样　　是□　　否□
备　注	1. 按规定留样　　是□　　否□ 2. 按约定留样　　是□　　否□

见证人：	见证人证书编号：	见证日期：　　年　　月　　日
取样人：	取样人证书编号：	送样日期：　　年　　月　　日
送样人：	收样人：	接收日期：　　年　　月　　日

电土试表 JCWT-002

建设用砂检测委托单

委托编号：

委托单位		见证单位	
工程名称		单位工程名称	
产　地		进场日期	
种　类		取样日期	
规　格		取样地点	
代表数量 m³		取样数量 kg	
样品状态	正常（　）异常（　）	使用于＿＿＿＿强度等级的混凝土	
样品编号		检测周期	

委　托　参　数														
主要检测参数				其他检测参数										
细度模数	含泥量	泥块含量	石粉含量	氯化物	堆积密度	表观密度	贝壳含量	含水率	吸水率	有机物	轻物质	坚固性	碱集料反应	压碎指标

依据标准	
	1. 按规定留样　　是□　　否□ 2. 按约定留样　　是□　　否□
备　注	

见证人：	见证人证书编号：	见证日期：　年　月　日
取样人：	取样人证书编号：	送样日期：　年　月　日
送样人：	收样人：	接收日期：　年　月　日

建设用石检测委托单

委托编号：

委托单位		见证单位	
工程名称		单位工程名称	
产　地		进场日期	
种　类		取样日期	
规　格 mm		取样地点	
代表数量 m³		取样数量 kg	
样品状态	正常（　） 异常（　）	用于强度等级＿＿＿＿＿＿＿的混凝土	
样品编号		检测周期	

委 托 参 数

主要检测参数					其他检测参数						
颗粒 级配	含泥量	泥块 含量	针、片状 含量	压碎 指标	表观 密度	堆积 密度	含水率	吸水率	坚固性	碱集料 反应	有害 物质

依据标准	
备　注	1. 按规定留样　　　是□　　　否□ 2. 按约定留样　　　是□　　　否□

见证人：	见证人证书编号：	见证日期：　　年　　月　　日
取样人：	取样人证书编号：	送样日期：　　年　　月　　日
送样人：	收样人：	接收日期：　　年　　月　　日

粉煤灰检测委托单

委托编号：

委托单位		见证单位	
工程名称		单位工程名称	
生产厂家		粉煤灰类别、等级	类 级
出厂批号		出厂日期	
进场日期		代表数量 t	
取样数量 kg		取样日期	
取样地点		样品状态	正常（ ）异常（ ）
样品编号		检测周期	

委托参数

主要检测参数				其他检测参数			
细度	需水量比	烧失量	含水量	三氧化硫	游离氧化钙	安定性	

依据标准	
	1．按规定留样　　　是□　　　否□ 2．按约定留样　　　是□　　　否□
备　注	

见证人：	见证人证书编号：	见证日期：　　年　　月　　日
取样人：	取样人证书编号：	送样日期：　　年　　月　　日
送样人：	收样人：	接收日期：　　年　　月　　日

砖（砌块）检测委托单

委托编号：

委托单位		见证单位	
工程名称		单位工程名称	
工程部位			
种　类		规　格 mm	
生产厂家		进场日期	
强度等级		进场数量 块	
密度等级		取样数量 块	
合格证编号		代表数量 块	
取样地点		样品状态	正常（　）异常（　）
样品编号		检测周期	

委托参数

主要检测参数				其他检测参数							
强度	外观质量	尺寸偏差	密度	抗风化性能	抗冻性	吸水率	泛霜	石灰爆裂	放射性		

依据标准	
备　注	1. 按规定留样　　是□　　否□ 2. 按约定留样　　是□　　否□

见证人：	见证人证书编号：	见证日期：　　年　　月　　日
取样人：	取样人证书编号：	送样日期：　　年　　月　　日
送样人：	收样人：	接收日期：　　年　　月　　日

钢筋（材）检测委托单

委托编号：

委托单位		见证单位	
工程名称		单位工程名称	
钢材种类		牌　号	
外　形		规　格 mm	
生产厂家		供货单位	
炉（批）号		质保书编号	
进场日期		代表数量 t	
取样地点		样品状态	正常（ ）异常（ ）
样品编号		检测周期	

委托参数

主要检测参数						其他检测参数			
抗拉强度	屈服强度	伸长率	最大力总伸长率	弯曲	重量偏差	冲击	硬度	化学分析	

依据标准	
	1. 按规定留样　　是□　　否□ 2. 按约定留样　　是□　　否□ 3. 抗震要求　　　是□　　否□
备　注	

见证人：　　　　　　　见证人证书编号：　　　　　　见证日期：　年　月　日
取样人：　　　　　　　取样人证书编号：　　　　　　送样日期：　年　月　日
送样人：　　　　　　　收样人：　　　　　　　　　　接收日期：　年　月　日

8

钢筋（材）焊接检测委托单

委托编号：

委托单位		见证单位	
工程名称		单位工程名称	
工程部位			
检测类型	工艺（　）现场抽检（　）	原材检测 报告编号	
焊工姓名		钢筋牌号	
焊工合格证号		公称直径 mm	
焊接方法		接头型式	
代表接头数量 根		样品状态	正常（　）异常（　）
样品编号		检测周期	

委托参数					
主要检测参数			其他检测参数		
拉　伸	弯　曲	外观检查			

依据标准	
备　　注	1. 按规定留样　　是□　　否□ 2. 按约定留样　　是□　　否□

见证人：	见证人证书编号：	见证日期：　　年　　月　　日
取样人：	取样人证书编号：	送样日期：　　年　　月　　日
送样人：	收样人：	接收日期：　　年　　月　　日

钢筋机械连接检测委托单

委托编号：

委托单位		见证单位	
工程名称		单位工程名称	
工程部位			
试验类型	工艺（　）现场抽检（　）	原材检测 报告编号	
接头型式		钢筋牌号	
连接操作人		上岗证编号	
代表接头数量 根		钢筋公称直径 mm	
接头等级	级	样品状态	正常（　）异常（　）
样品编号		检测周期	

委托参数			
主要检测参数	其他检测参数		
连接件抗拉强度	最大力总伸长率	残余变形	反复拉压

依据标准	
备　注	1．按规定留样　　是□　　否□ 2．按约定留样　　是□　　否□

见证人：　　　　　　　见证人证书编号：　　　　　　见证日期：　　年　月　日

取样人：　　　　　　　取样人证书编号：　　　　　　送样日期：　　年　月　日

送样人：　　　　　　　收样人：　　　　　　　　　　接收日期：　　年　月　日

土壤击实试验委托单

委托编号：

委托单位			见证单位	
工程名称			单位工程名称	
样品编号			检测周期	
土壤（砂）类别				
击实类别	重　型			
	轻　型			
委托参数				
最大干密度	最优含水率			
依据标准				
备　注	1. 按规定留样　　是□　　否□ 2. 按约定留样　　是□　　否□			

见证人：	见证人证书编号：	见证日期：	年　　月　　日
取样人：	取样人证书编号：	送样日期：	年　　月　　日
送样人：	收样人：	接收日期：	年　　月　　日

回填土检测委托单

委托编号：

委托单位		见证单位	
工程名称		单位工程名称	
工程部位		回填面积/长度 m²/m	
土壤（砂）类别		回填标高 m	
辗压机械		设计压实系数	
密度试验方法		最大干密度 g/cm³	
击实报告编号		控制干密度 g/cm³	
试样数量 组		样品状态	正常（ ）异常（ ）
样品编号		检测周期	

委托参数						
主要检测参数				其他检测参数		
干密度	湿密度	含水率	压实系数	颗粒分析	液、塑限	

依据标准	
备 注	1. 按规定留样　　是□　　否□ 2. 按约定留样　　是□　　否□

见证人：	见证人证书编号：	见证日期：　　年　　月　　日
取样人：	取样人证书编号：	送样日期：　　年　　月　　日
送样人：	收样人：	接收日期：　　年　　月　　日

电土试表 JCWT-011

混凝土配合比设计委托单

委托编号：

委托单位		见证单位	
工程名称		单位工程名称	
样品编号		检测周期	
设计混凝土等级		要求坍落度 mm	

水泥生产厂家、牌号：		试验报告编号
水泥品种：　　　　　　　强度等级：		
砂子产地：　　　　　品种：　　　　规格：		
石子产地：　　　　　品种：　　　　规格：		
外加剂厂家：　　　　名称及型号：　　掺量：		
外加剂厂家：　　　　名称及型号：　　掺量：		
粉煤灰产地：　　　　类别及级别：		
掺合料产地：　　　　名称及级别：		
样品状态：　正常（　）异常（　）　　使用日期：		

委托参数

主要检测参数					其他检测参数				
抗压强度	抗折强度	坍落度	含气量	凝结时间	水渗透	抗冻	碱含量	氯化物含量	

依据标准	
备　注	1. 按规定留样　　　是□　　否□ 2. 按约定留样　　　是□　　否□

见证人：	见证人证书编号：	见证日期：　　年　　月　　日
取样人：	取样人证书编号：	送样日期：　　年　　月　　日
送样人：	收样人：	接收日期：　　年　　月　　日

混凝土拌和物性能检测委托单

委托编号：

委托单位		见证单位	
工程名称		单位工程名称	
工程部位			
混凝土设计等级	C　　P　　F	配合比编号	

水泥生产厂家、牌号：				试验报告编号	
水泥品种：		强度等级：			
砂子产地：		品种：	规格：		
石子产地：		品种：	规格：		
外加剂厂家：		名称及型号：	掺量：		
外加剂厂家：		名称及型号：	掺量：		
粉煤灰产地：		类别及级别：			
掺合料产地：		名称及级别：			
样品状态	正常（　）异常（　）	样品编号		检测周期	

委托参数

主要检测参数					其他检测参数				
凝结时间	泌水率	含气量	坍落度	坍落扩展度	表观密度	配合比分析			

依据标准	
备　注	1. 按规定留样　　是□　　否□ 2. 按约定留样　　是□　　否□

见证人：	见证人证书编号：	见证日期：　　年　　月　　日
取样人：	取样人证书编号：	送样日期：　　年　　月　　日
送样人：	收样人：	接收日期：　　年　　月　　日

14

混凝土性能检测委托单
（含抗压、抗折、抗冻、抗水渗透）

委托编号：

委托单位		见证单位	
工程名称		单位工程名称	
工程部位			
样品编号		检测周期	
等级	C　　P　　F	配合比编号	

试件编号	养护条件	成型日期	龄期 d	℃·d	试件状态	试件尺寸 mm	成型方法

委托参数

主要检测参数					其他检测参数						
抗压强度	抗折强度	抗水渗透	抗冻	弹性模量	劈裂强度	握裹力	收缩	碳化	受压徐变	抗压疲劳	钢筋锈蚀

依据标准	
备　注	1. 按规定留样　　是□　　否□ 2. 按约定留样　　是□　　否□

见证人：　　　　　　　　　　见证人证书编号：　　　　　　　　　见证日期：　　年　　月　　日

取样人：　　　　　　　　　　取样人证书编号：　　　　　　　　　送样日期：　　年　　月　　日

送样人：　　　　　　　　　　收样人：　　　　　　　　　　　　　接收日期：　　年　　月　　日

砂浆配合比设计委托单

委托编号：

委托单位			见证单位	
工程名称			单位工程名称	
工程部位				
样品编号			检测周期	
设计砂浆强度等级		种类	稠度 mm	

水泥生产厂家、牌号：			检测报告编号
水泥品种：		强度等级：	
砂子产地：	品种：	规格：	
外加剂厂家：	名称及型号：	掺量：	
掺合料产地：	名称及级别：	规格：	
样品状态	正常（ ）异常（ ）		

委托参数

主要检测参数			其他检测参数		
稠度	保水性	强度	抗冻性	抗渗	

依据标准	
备 注	1. 按规定留样　　是□　　否□ 2. 按约定留样　　是□　　否□

见证人：	见证人证书编号：	见证日期：　　年　　月　　日
取样人：	取样人证书编号：	送样日期：　　年　　月　　日
送样人：	收样人：	接收日期：　　年　　月　　日

16

砂浆拌和物性能检测委托单

委托编号：

委托单位		见证单位	
工程名称		单位工程名称	
工程部位			
检测编号		检测周期	
砂浆强度等级		种类	配合比编号	
水泥生产厂家、牌号：			检测报告编号
水泥品种：		强度等级：	
砂子产地：	品种：	规格：	
外加剂厂家：	名称及型号：	掺量：	
掺合料产地：	名称及级别：	规格：	

<table>
<tr><td colspan="8" align="center">委托参数</td></tr>
<tr><td colspan="4" align="center">主要检测参数</td><td colspan="4" align="center">其他检测参数</td></tr>
<tr><td>保水性</td><td>含气量</td><td>凝结时间</td><td>砂浆稠度</td><td>吸水率</td><td>收缩</td><td>表观密度</td><td></td></tr>
<tr><td></td><td></td><td></td><td></td><td></td><td></td><td></td><td></td></tr>
<tr><td></td><td></td><td></td><td></td><td></td><td></td><td></td><td></td></tr>
<tr><td></td><td></td><td></td><td></td><td></td><td></td><td></td><td></td></tr>
</table>

依据标准	
备 注	1. 按规定留样　　是□　　否□ 2. 按约定留样　　是□　　否□

见证人：	见证人证书编号：	见证日期：　　年　　月　　日
取样人：	取样人证书编号：	送样日期：　　年　　月　　日
送样人：	收样人：	接收日期：　　年　　月　　日

砂浆性能检测委托单

委托编号：

委托单位			见证单位	
工程名称			单位工程名称	
工程部位				
样品编号			检测周期	
配合比编号		强度等级		种类	

试件编号	成型日期	实际龄期 d	养护条件	试件状态	成型方法

委托参数

主要检测参数						其他检测参数						
抗压强度	稠度	表观密度	分层度	凝结时间		抗冻	抗渗	拉伸	含气量	静压弹模	保水性	收缩

依据标准	
备 注	1. 按规定留样 　　是□　　否□ 2. 按约定留样 　　是□　　否□

见证人：　　　　　　　见证人证书编号：　　　　　　　见证日期：　　年　　月　　日

取样人：　　　　　　　取样人证书编号：　　　　　　　送样日期：　　年　　月　　日

送样人：　　　　　　　收样人：　　　　　　　　　　　接收日期：　　年　　月　　日

电土试表 JCWT-017

外加剂性能检测委托单

委托编号：

委托单位		见证单位	
工程名称		单位工程名称	
生产厂家		样品状态	正常（　）异常（　）
外加剂名称、代号		出厂日期	
型　号		进场日期	
合格证编号		代表数量 t	
推荐掺量 %		取样数量 kg	
样品编号		检测周期	

委托参数

主要检测参数					其他检测参数			
减水率	泌水率比	1h经时变化量	凝结时间差	抗压强度比	含气量	收缩率比	相对耐久性	
固体含量	密度	细度	水泥砂浆工作性	水泥净浆流动性	钢筋锈蚀	氯离子含量	pH值	

依据标准	
备　注	1. 按规定留样　　　是□　　否□ 2. 按约定留样　　　是□　　否□ 3. 请提供外加剂生产厂家匀质性指标控制值：

见证人：	见证人证书编号：	见证日期：　　年　月　日
取样人：	取样人证书编号：	送样日期：　　年　月　日
送样人：	收样人：	接收日期：　　年　月　日

电土试表 JCWT-018

混凝土膨胀剂性能检测委托单

委托编号：

委托单位		见证单位	
工程名称		单位工程名称	
产品名称		型 号	
合格证编号		生产厂家	
出厂日期		进场日期	
代表数量 t		推荐掺量 %	
取样数量 kg		取样地点	
样品编号		检测周期	
样品状态		正常（ ）异常（ ）	

委托参数

主要检测参数				其他检测参数		
抗压强度	细度	凝结时间	限制膨胀率	氧化镁	碱含量	

依据标准	
	1. 按规定留样　　　是□　　　否□ 2. 按约定留样　　　是□　　　否□
备 注	

见证人：	见证人证书编号：	见证日期： 年 月 日
取样人：	取样人证书编号：	送样日期： 年 月 日
送样人：	收样人：	接收日期： 年 月 日

混凝土拌和用水性能检测委托单

委托编号：

委托单位		见证单位	
工程名称			
水源名称		检验性质	
取样深度 mm		取样日期	
水的外观		取样地点	
取样数量 L		样品状态	正常（ ） 异常（ ）
样品编号		检测周期	
水用途	□ 预应力混凝土　　　　□ 钢筋混凝土　　　　□ 素混凝土		

<table>
<tr><td colspan="9" align="center">委托参数</td></tr>
<tr><td colspan="7" align="center">主要检测参数</td><td colspan="2" align="center">其他检测参数</td></tr>
<tr><td>pH 值</td><td>不溶物</td><td>可溶物</td><td>Cl⁻含量</td><td>凝结时间差</td><td>胶砂强度比</td><td>碱含量</td><td>SO₄²⁻
含量</td><td></td></tr>
<tr><td></td><td></td><td></td><td></td><td></td><td></td><td></td><td></td><td></td></tr>
<tr><td></td><td></td><td></td><td></td><td></td><td></td><td></td><td></td><td></td></tr>
<tr><td></td><td></td><td></td><td></td><td></td><td></td><td></td><td></td><td></td></tr>
</table>

依据标准	
备　　注	1. 按规定留样　　　是□　　否□ 2. 按约定留样　　　是□　　否□

见证人：　　　　　　见证人证书编号：　　　　　　见证日期：　　年　　月　　日

取样人：　　　　　　取样人证书编号：　　　　　　送样日期：　　年　　月　　日

送样人：　　　　　　收样人：　　　　　　　　　　接收日期：　　年　　月　　日

电土试表 JCWT-020

水泥基灌浆材料性能检测委托单

委托编号：

委托单位		见证单位	
工程名称		单位工程名称	
工程部位		生产厂家	
样品编号		检测周期	
名 称		型 号	
牌号		出厂编号	
出厂日期		合格证编号	
进场日期		取样数量 kg	
代表数量 t		推荐用水量 %	
取样地点		样品状态	正常（ ）异常（ ）

委托参数								
主要检测参数					其他检测参数			
凝结时间	泌水率	流动度	抗压强度	竖向膨胀率	钢筋锈蚀	粗集料最大粒径		

依据标准	
备 注	1. 按规定留样　　是□　　否□ 2. 按约定留样　　是□　　否□

见证人：　　　　　　　见证人证书编号：　　　　　　见证日期：　年　月　日

取样人：　　　　　　　取样人证书编号：　　　　　　送样日期：　年　月　日

送样人：　　　　　　　收样人：　　　　　　　　　　接收日期：　年　月　日

防水卷材性能检测委托单

委托编号：

委托单位		见证单位	
工程名称		单位工程名称	
工程部位			
样品编号		检测周期	
产品名称		生产厂家	
产品标记		合格证编号	
进场日期		代表批量 m²	
取样数量 m²		取样地点	
样品状态		正常（ ）异常（ ）	

委托参数

主要检测参数					其他检测参数				
耐热性	低温柔性	不透水性	拉力	延伸率	可溶物含量	渗油性	强度		黏附性
							剥离	钉杆	

依据标准	
备 注	1. 按规定留样　　是□　　否□ 2. 按约定留样　　是□　　否□

见证人：　　　　　　见证人证书编号：　　　　　　见证日期：　　年　月　日
取样人：　　　　　　取样人证书编号：　　　　　　送样日期：　　年　月　日
送样人：　　　　　　收样人：　　　　　　　　　　接收日期：　　年　月　日

电土试表 JCWT-022

防水涂料性能检测委托单

委托编号：

委托单位		见证单位	
工程名称		单位工程名称	
工程部位			
样品编号		生产厂家	
产品名称		合格证编号	
品种、类别		代表数量 t	
进场日期		取样地点	
取样数量 kg		检测周期	
样品状态	正常（ ）异常（ ）		

委托参数

主要检测参数					其他检测参数				
拉伸强度	断裂伸长率	撕裂强度	不透水性	低温弯折性	固体含量	干燥时间	潮湿基面黏结强度		

依据标准	
备 注	1. 按规定留样 是□ 否□ 2. 按约定留样 是□ 否□

见证人：	见证人证书编号：	见证日期： 年 月 日
取样人：	取样人证书编号：	送样日期： 年 月 日
送样人：	收样人：	接收日期： 年 月 日

24

电土试表 JCWT-023

沥青性能检测委托单

委托编号：

委托单位		见证单位	
工程名称		单位工程名称	
工程部位			
产地		品种及标号	
合格证编号		进场日期	
代表数量 t		取样日期	
取样数量 kg		取样地点	
样品编号		检测周期	
样品状态		正常（　）异常（　）	

委托参数							
主要检测参数			其他检测参数				
延　度	针入度	软化点	闪点	溶解度	蒸发性		

依据标准	
备　注	1. 按规定留样　　是□　　否□ 2. 按约定留样　　是□　　否□

见证人：　　　　　　　见证人证书编号：　　　　　　　见证日期：　　年　　月　　日

取样人：　　　　　　　取样人证书编号：　　　　　　　送样日期：　　年　　月　　日

送样人：　　　　　　　收样人：　　　　　　　　　　　接收日期：　　年　　月　　日

回弹法混凝土抗压强度检测委托单

委托编号：

委托单位		见证单位	
工程名称		单位工程名称	
工程部位			
建设单位			
设计单位			
检测原因			
任务单编号		检测周期	

结构或构件名称	配合比编号	设计强度等级	成型日期	浇筑方法

依据标准	
备 注	

见证人：	见证人证书编号：	见证日期： 年 月 日
委托人：		委托日期： 年 月 日
接收人：		接收日期： 年 月 日

电土试表 JCWT-025

钻芯法混凝土抗压强度检测委托单

委托编号：

委托单位		见证单位	
工程名称		单位工程名称	
工程部位			
建设单位			
设计单位			
检测原因		骨科最大粒径 mm	
任务单编号		检测周期	

结构或构件名称	配合比编号	设计强度等级	成型日期	养护条件

依据标准	
备　　注	1. 按规定留样　　是□　　否□ 2. 按约定留样　　是□　　否□

见证人：	见证人证书编号：	见证日期：　　年　　月　　日
委托人：		委托日期：　　年　　月　　日
接收人：		接收日期：　　年　　月　　日

后锚固承载力检测委托单

委托编号：

委托单位		见证单位	
工程名称		单位工程名称	
工程部位			
植筋胶生产厂家			
供货单位			
植筋胶名称		植筋胶型号	
植筋胶质保书编号		植筋原材报告编号	
植筋种类		牌号、规格	
植筋直径 mm		混凝土强度等级	
钻孔深度 mm		钻孔直径 mm	
埋植筋日期		代表数量 根	
任务单编号		检测周期	
设计荷载值 kN			
依据标准			
备 注			

见证人：	见证人证书编号：	见证日期： 年 月 日
委托人：	委托人证书编号：	委托日期： 年 月 日
接收人：		接收日期： 年 月 日

电土试表 JCWT-027

锚杆承载力检测委托单

委托编号：

委托单位		见证单位	
工程名称		单位工程名称	
工程部位			
锚杆生产厂家			
供货单位			
埋植胶名称		埋植胶型号	
锚杆质保书编号		原材复试报告编号	
锚杆种类		牌号、直径 mm	
混凝土强度等级		锚固长度 m	
桩号		高程 m	
埋植日期		代表数量 根	
设计荷载值 kN		检测周期	
依据标准			
备　　注			

见证人：	见证人证书编号：	见证日期：　年　月　日
委托人：	委托人证书编号：	委托日期：　年　月　日
接收人：		接收日期：　年　月　日

电土试表 JCWT-028

结构实体钢筋保护层厚度检测委托单

委托编号：

委托单位		见证单位			
工程名称		单位工程名称			
建设单位		设计单位			
检测目的		检测方法			
任务单编号		检测周期			
构件编号	结构部位	主筋规格及数量 mm	保护层设计值 mm		允许偏差 mm
依据标准					
备 注					

见证人：	见证人证书编号：	见证日期： 年 月 日
委托人：	委托人证书编号：	委托日期： 年 月 日
接收人：		接收日期： 年 月 日

饰面砖黏结强度检测委托单

委托编号：

委托单位			见证单位		
工程名称			单位工程名称		
检测类型		工艺检测（　） 现场抽检（　）			
任务单编号				检测周期	
工程部位	面积 m²	饰面砖品种及牌号	饰面砖黏结材料	施工日期	基体类型
依据标准					
备　注					

见证人：	见证人证书编号：	见证日期：　　年　　月　　日
委托人：	委托人证书编号：	委托日期：　　年　　月　　日
接收人：		接收日期：　　年　　月　　日

_____（材料）检测委托单

委托编号：

委托单位		见证单位	
工程名称		单位工程名称	
工程部位			

样 品 说 明			
样品编号		检测周期	
样品名称		样品状态	正常（ ） 异常（ ）
生产厂家		规格型号 mm	
试验种类		等级	
代表数量 m²		取样数量	
合格证编号			
到货日期			
其他			

委 托 参 数						
主要检验参数			其他检验参数			

依据标准	
备　注	1. 是否留样　　是□　　否□

见证人：　　　　　　　　见证人证书编号：　　　　　　　　见证日期：　　年　月　日

取样人：　　　　　　　　取样人证书编号：　　　　　　　　送样日期：　　年　月　日

送样人：　　　　　　　　收样人：　　　　　　　　　　　　接收日期：　　年　月　日

_____（实体）检测委托单

委托编号：

委托单位		见证单位	
工程名称		单位工程名称	
工程部位			
施工单位			
建设单位			
设计单位			
检测地点		检测日期	
检测目的		检测方案	
检测要求		检测环境	
检测地点		检测周期	

委 托 参 数							
主要检验参数				其他检验参数			

依据标准	
备　　注	

见证人：　　　　　　见证人证书编号：　　　　　　　　　见证日期：　　年　　月　　日

委托人：　　　　　　　　　　　　　　　　　　　　　　　委托日期：　　年　　月　　日

接收人：　　　　　　　　　　　　　　　　　　　　　　　接收日期：　　年　　月　　日

_____（过程）检测委托单

委托编号：

委托单位		见证单位	
工程名称		单位工程名称	
工程部位			
建设单位			
施工单位			
厂名		产地	
试验种类		名称、型号	
规格		牌号	
等级		代表数量	
设计荷载		成型日期	
复试报告编号		试件尺寸	
样品编号		检测周期	

委 托 参 数

主要检验参数			其他检验参数			

依据标准	
备 注	

见证人：　　　　　　　见证人证书编号：　　　　　　　见证日期：　　年　　月　　日

取样人：　　　　　　　取样人证书编号：　　　　　　　送样日期：　　年　　月　　日

送样人：　　　　　　　收样人：　　　　　　　　　　　接收日期：　　年　　月　　日

2 土建工程检测记录

水 泥 检 测 记 录（1）

记录编号：_____　　样品编号：_____　　状态描述：_____

委托日期：_____年___月___日　　检测日期：_____年___月___日

主要检测设备：_____　　检测环境：_____

水泥凝结时间					密度		检测内容	比表面积						胶砂流动度____	
								自动			手动				
序号	初凝测试时间	试针距底板距离 mm	终凝测试时间	有无环形痕迹	测量项	1　2	标准粉密度 g/cm³							水泥:砂=__:__ 加水量_____mL	
							标准粉比表面积 cm²/g								
1				□有 □无	初始读数 mL		仪器 K 值								
2				□有 □无	温度 ℃		测试项	1	2	3	1	2	3	测量次数	测量值 mm
3				□有 □无	水泥质量 g		试料层体积 cm³							1	
4				□有 □无	二次读数 mL		试样质量 g								
5				□有 □无	温度 ℃		时间 s							2	
6				□有 □无	水泥体积 cm³		温度 ℃								
7				□有 □无	水泥密度 g/cm³		比表面积 cm²/g							结果 mm	
8				□有 □无	结果 g/cm³		结果 cm²/g								
9				□有 □无	检测依据										
10				□有 □无											
11				□有 □无	评定依据										
12				□有 □无	结　论										
13				□有 □无	备　注										

复核：　　　　　　　　　　　　　　　　　　　　　　　　　　　　　　　　检测：

水 泥 检 测 记 录（2）

记录编号：＿＿＿＿＿＿＿＿＿＿ 样品编号：＿＿＿＿＿＿＿＿＿＿ 状态描述：＿＿＿＿＿＿＿＿

委托日期：＿＿＿＿年＿＿月＿＿日 检测日期：＿＿＿＿年＿＿月＿＿日

主要检测设备：＿＿＿＿＿＿＿＿＿＿＿＿＿＿＿＿＿＿＿＿＿＿ 检测环境：＿＿＿＿＿＿＿＿＿＿

龄期					强度等级		品种		
破型日期	月 日 时		月 日 时		标准稠度	标准法	细度 ，负压筛析法（检测筛修正系数： ）		
抗折强度 MPa	1				加水量 mL		试样质量 g		
	2				试杆距底板距离 mm		筛余物质量 g		
	3				标准稠度用水量 %		试样筛余百分数 %		
	结果				安定性（雷氏法）		细度结果 %		
抗压荷载强度		kN	MPa	kN	MPa	次数	1	2	安定性（试饼法）
	1					A mm			
	2					C mm			凝结时间
	3					C−A mm			加水时间 h: min 初凝 min
	4					平均 mm			到初凝时间 h: min 终凝 min
	5								到终凝时间 h: min
	6								
结果 MPa						检测依据			
评定依据									
结　论						备　注			

复核：　　　　　　　　　　　　　　　　　　　　　　　　　　　　　　　　检测：

建 设 用 砂 检 测 记 录

记录编号：＿＿＿＿＿＿＿＿　　样品编号：＿＿＿＿＿＿＿＿　　状态描述：＿＿＿＿＿＿＿＿

委托日期：＿＿＿＿年＿＿月＿＿日　　检测日期：＿＿＿＿年＿＿月＿＿日

主要检测设备：＿＿＿＿＿＿＿＿＿＿＿＿＿＿＿＿＿＿＿＿＿　　检测环境：＿＿＿＿＿＿＿＿

筛分析试样重：						g	表观密度：				kg/m³	云母含量：		%
孔径 mm	筛余量 g		分计筛余 %		累计筛余 %		累计筛余平均值 %	烘干后试样质量 g				试样干质量 g		
	1	2	1	2	1	2	试样、水、器皿质量				云母质量 g		
9.50								水、器皿质量 g				氯离子含量：		%
4.75								修正系数				滴定消耗溶液体积 mL		
2.36								表观密度 kg/m³				空白消耗溶液体积 mL		
1.18								＿＿＿密度：			kg/m³	试样质量 g		
0.60								容量筒质量 g				亚甲蓝检测 MB＝		g/kg
0.30								砂、容量筒质量 g				试样质量 g		
0.15								容量筒体积 L				亚甲蓝总量 mL		
底								堆积密度 kg/m³				轻物质含量 %		

MX₁＝	MX₂＝	MX₃＝	级配区属：		坚固性	前质量 g	后质量 g	分损失率 %	损失率 %	颗粒质量 g	总质量 g	烧杯质量 g
含泥量：	%	吸水率：	%		300μm							
洗前干质量 g		烧杯质量 g			600μm							
洗后干质量 g		总质量 g			1.18mm							
含泥量 g		吸水率 %			2.36mm						平均值 %	
含泥量：	%	含水率：	%		方孔筛孔径	试样质量 g	检测后质量 g	单级压碎指标 %	平均压碎指标 %		压碎指标 %	
洗前干质量 g		容器质量 g			2.50mm							
洗后干质量 g		烘前总质量 g			1.25mm							
泥块含量 %		烘后总质量 g			0.63mm							
		含水率 %			0.315mm							

检测依据		评定依据	
结　论		备　注	

复核：　　　　　　　　　　　　　　　　　　　　　　　　　　　　　　　　检测：

建设用石检测记录

记录编号：_____　　　　样品编号：_____　　　状态描述：_____

委托日期：_____年___月___日　　　检测日期：_____年___月___日

主要检测设备：_____　　　　　　　　　　　　　　　　　　检测环境：_____

筛分析试样重：			g	含泥量：	%	表观密度：	kg/m³	硫化物、硫酸盐含量： %			有机物含量
筛孔直径 mm	筛余量 g	分计筛余 %	累计筛余 %	洗前干质量 g		烘干后试样质量 g		坩埚质量 g			标准颜色
				洗后干质量 g		试样、水器皿质量 g		沉淀物、坩埚质量 g			溶液颜色
90.0				含泥量 %		水、器皿、质量 g		试样质量 g			加热颜色
75.0				泥块含量： %		水温修正系数		硫化物、硫酸盐含量 %			结果
63.0				4.75mm筛余量 g		表观密度 kg/m³		坚固性	前质量 g	后质量 g	分损失率 %
53.0				洗后干质量 g		密度： kg/m³		5～10mm			损失率 %
37.5				泥块含量 %		容量筒质量 kg		10～20mm			
31.5				含水率： %		容量筒试样质量 kg		20～40mm			
26.5				烘干前质量 g		容量筒容积 L		40～63.5mm			
19.0				烘干后质量 g		堆积密度 kg/m³		（　）密度 kg/m³	表观密度 kg/m³	空隙率 %	平均值 %
16.0				容器质量 g		压碎指标值 %					
9.50				含水率 %		试样质量 g	1　2　3				
4.75				吸水率		检测依据					
2.36				烘干前质量 g		检测后质量 g		评定依据			
底				烘干后质量 g		压碎指标值 %		结　论			
颗粒级配	公称粒级 mm			浅盘质量 g		针、片状颗粒含量： %					
连续粒级				吸水率 %		针、片状颗粒含量 g		备　注			
单粒粒级						试样总质量 g					

复核：　　　　　　　　　　　　　　　　　　　　　　　　　　　　　　检测：

粉 煤 灰 检 测 记 录

记录编号：_____ 样品编号：_____ 状态描述：_____

委托日期：_____年___月___日 检测日期：_____年___月___日

主要检测设备：_____ 检测环境：_____

<table>
<tr><td colspan="2" rowspan="2">等级、种类</td><td colspan="5" rowspan="2"></td><td colspan="2">进场日期</td><td></td><td colspan="2" rowspan="2"></td></tr>
<tr><td></td><td></td><td rowspan="2">序号</td></tr>
<tr><td rowspan="5">细度试验（试验筛的修正系数___）</td><td rowspan="2">称量
g</td><td rowspan="2">筛余物
（0.045mm）
g</td><td rowspan="2">细度
%</td><td colspan="4">安定性（雷氏法）</td><td></td><td>比对胶砂</td><td>试验胶砂</td></tr>
<tr><td></td><td></td><td colspan="2"></td><td rowspan="8"></td><td>kN | MPa</td><td>kN | MPa</td></tr>
<tr><td rowspan="3"></td><td rowspan="3"></td><td rowspan="3"></td><td rowspan="2">次数</td><td>1</td><td>2</td><td></td><td></td></tr>
<tr><td></td><td></td><td></td><td></td></tr>
<tr><td colspan="2">A
mm</td><td></td><td></td></tr>
<tr><td rowspan="10">需水量比（流动度130～140mm）</td><td rowspan="3">序号</td><td rowspan="3">试验样品需水量
mL</td><td rowspan="3">对比样品需水量
mL</td><td rowspan="3">需水量比
%</td><td colspan="2">C
mm</td><td rowspan="10">破型日期
3d</td><td></td><td></td></tr>
<tr><td colspan="2">C－A
mm</td><td></td><td></td></tr>
<tr><td colspan="2">平均
mm</td><td></td><td></td></tr>
<tr><td rowspan="2"></td><td rowspan="2"></td><td rowspan="2"></td><td rowspan="2"></td><td colspan="2">SO₃
%</td><td></td><td></td></tr>
<tr><td>试料质量
g</td><td>灼烧前质量
g</td><td rowspan="4">平均
MPa</td><td rowspan="4"></td></tr>
<tr><td rowspan="2"></td><td rowspan="2"></td><td rowspan="2"></td><td rowspan="2"></td><td>换算系数</td><td>灼烧后质量
g</td></tr>
<tr><td rowspan="2"></td><td rowspan="2"></td></tr>
<tr></tr>
<tr><td rowspan="7">烧失量试验</td><td>容器质量
g</td><td rowspan="2"></td><td rowspan="2"></td><td rowspan="2"></td><td>容器质量
g</td><td rowspan="2"></td><td>强度比
%</td><td></td><td></td></tr>
<tr><td>烧前总质量
g</td><td rowspan="2">含水量
%</td><td>烘前总质量
g</td><td rowspan="6"></td><td></td><td></td></tr>
<tr><td>烧后总质量
g</td><td rowspan="2"></td><td rowspan="2"></td><td>烘后总质量
g</td><td></td><td></td></tr>
<tr><td>烧失量
%</td><td rowspan="2"></td><td>含水量
%</td><td rowspan="3">破型日期
28 d</td><td></td><td></td></tr>
<tr><td colspan="2">烧失量：　　　　%</td><td rowspan="2"></td><td colspan="2">含水量：　　　　%</td><td></td><td></td></tr>
<tr><td colspan="5"></td><td></td><td></td></tr>
<tr><td colspan="5"></td><td></td><td></td></tr>
<tr><td>检测依据</td><td colspan="6"></td><td rowspan="3"></td><td></td><td></td></tr>
<tr><td>评定依据</td><td colspan="6"></td><td></td><td></td></tr>
<tr><td>结　论</td><td colspan="6"></td><td>平均
MPa</td><td></td><td></td></tr>
<tr><td>备　注</td><td colspan="6"></td><td>强度比
%</td><td></td><td></td></tr>
</table>

复核：　　　　　　　　　　　　　　　　　　　　　　　　　　检测：

_____砖检测记录

记录编号：_____·　　样品编号：_____　　　状态描述：_____

委托日期：_____年___月___日　　检验日期：_____年___月___日

主要检测设备：_____　　　检测环境：_____

组号/序号	抗折强度试验					抗压强度试验					密度试验				
	试样尺寸 mm		跨距 mm	破坏荷载 kN	抗折强度 MPa	试样尺寸 mm		面积 mm²	破坏荷载 kN	抗压强度 MPa	试样尺寸 mm			试件干质量 kg	单块体积密度 kg/m³
	宽度	高度				长	宽				长度	宽度	高度		
1															
2															
3															
4															
5															
6															
7															
8															
9															
10															

平均值 MPa		最小值 MPa			平均值 MPa		标准偏差 MPa			体积密度 kg/m³		
检测依据					最小值 MPa		变异系数			评定依据		
备　注					标准值 MPa					结　论		

复核：　　　　　　　　　　　　　　　　　　　　　　　　　　　　　　　检测：

_____砌块检测记录

记录编号：_____　　样品编号：_____　　状态描述：_____

委托日期：_____年___月___日　　记录日期：_____年___月___日

主要检测设备：_____　　检测环境：_____

组号/序号		干密度					抗压强度试验						
		试件尺寸长×宽×高mm	烘干前质量g	烘干后质量g	干体积密度kg/m³	平均值kg/m³	试件尺寸长×宽mm	破坏荷载kN	抗压强度MPa	平均值MPa	烘干前质量g	烘干后质量g	抗压时含水率%
1	①												
	②												
	③												
2	①												
	②												
	③												
3	①												
	②												
	③												
干密度平均值kg/m³						抗压强度平均值MPa				抗压强度最小值MPa			
检测依据													
评定依据													
结　论													
备　注													

复核：　　　　　　　　　　　　　　　　　　　　　　　　　　　　　　　　　检测：

钢筋（材）检测记录

记录编号：_____　　　　样品编号：_____　　　　状态描述：_____

委托日期：_____年___月___日　　　检测日期：_____年___月___日

主要检测设备：_____　　　　检测环境：_____

序号	牌号	规格直径 mm	公称面积 mm²	屈服力 F_m kN	屈服强度 R_{eL} MPa	最大力 F_m kN	抗拉强度 R_m MPa	强屈比 R_m^O/R_{eL}^O	屈标比 R_{eL}^O/R_{eL}	检测前标距长度 mm	检测后标距长度 mm	伸长率 A %	检测前同标记间距离 L_O mm	断裂后距离 L_u mm	最大力总伸长率 A_{gt} %	弯曲 $d=$ α= °

质量偏差	单根试样长度 mm					总试样长度 mm	总试样质量 g	理论质量 g	质量偏差 %
1									
2									

检测依据	
评定依据	
结　论	
备　注	

复核：　　　　　　　　　　　　　　　　　　　　　　　　　　　　　　　检测：

钢 筋 （材） 焊 接 检 测 记 录

记录编号：_____　　　样品编号：_____　　　状态描述：_____

委托日期：_____年___月___日　　　检测日期：_____年___月___日

主要检测设备：_____　　　检测环境：_____

序号	焊接方法	接头型式	牌号	规格直径 mm	公称面积 mm²	拉 伸				弯曲 $d=$　α。 $\alpha=$　。
						最大力 kN	抗拉强度 MPa	断裂特征	断口距焊缝长度 mm	

检测依据	
评定依据	
结 论	
备 注	

复核：　　　　　　　　　　　　　　　　　　　　　　　　　　　　　　　　　　检测：

钢筋机械连接检测记录

记录编号：_____ 　　样品编号：_____ 　　状态描述：_____

委托日期：____年___月___日　　检测日期：____年___月___日

主要检测设备：_____　　检测环境：_____

序号	连接方法	接头等级	牌号	规格直径 mm	公称面积 mm²	残余变形 mm							抗拉强度			
						$0.6f_{yK}$ kN	测量标距1	测量标距2	卸载后标距1	卸载后标距2	残余变形	平均值	最大拉力 kN	抗拉强度 MPa	破坏形态	断口距套筒长度 mm

检测依据	
评定依据	
结 论	
备 注	

复核：　　　　　　　　　　　　　　　　　　　　　　　　　　　　　　　　检测：

土 壤 击 实 试 验 记 录

记录编号：_____ 样品编号：_____ 状态描述：_____

土壤类别：_____ 委托日期：_____年____月____日 试验日期：_____年____月____日

主要试验设备：_____ 试验环境：_____

土样编号	筒质量 g	筒体积 cm³	筒+土质量 g	净土质量 g	湿密度 g/cm³	含水率检测				干密度 g/cm³	最优含水率 %	最大干密度 g/cm³
						湿土质量 g	干土质量 g	含水率 %	平均含水率 %			
1												
2												
3												
4												
5												
6												
7												
检测依据												
备　注												

复核：　　　　　　　　　　　　　　　　　　　　　　　　　　　　　　　　　　　　试验：

回填土检测记录（环刀法）

记录编号：_____   样品编号：_____   状态描述：_____

委托日期：_____年___月___日   记录日期：_____年___月___日

主要检测设备：_____   检测环境：_____

回填土类别		最大干密度 g/cm³	
回填面积/长度 m²/m		回填标高 m	
辗压机械		环刀容积 cm³	
设计压实系数 %			

试样编号	湿土质量 g	湿密度 g/cm³	湿土质量 g	干土质量 g	含水率 %	平均含水率 %	干密度 g/cm³	压实系数 %

检测依据	
评定依据	
结　　论	
备　　注	

复核：   检测：

电土试表 JCJL-010.2

回填土检测记录〔灌（砂）水法〕

记录编号：_____ 样品编号：_____ 状态描述：_____

委托日期：_____年___月___日 记录日期：_____年___月___日

主要检测设备：_____ 检测环境：_____

回填土类别		密度试验方法	
回填面积/长度 m²/m		最大干密度 g/cm³	
辗压机械		回填标高	
设计压实系数 %			

试样编号	试坑用砂（水）量 g	量砂（水）密度 g/cm³	试坑体积 cm³	试样质量 g	湿密度 g/cm³	含水率 %	干密度 g/cm³	压实系数 %

检测依据	
评定依据	
结 论	
备 注	

复核： 检测：

混凝土配合比设计记录

记录编号：＿＿＿＿＿＿＿＿＿　　　　样品编号：＿＿＿＿＿＿＿＿　　　　状态描述：＿＿＿＿＿＿＿＿

委托日期：＿＿＿＿年＿＿月＿＿日　　　记录日期：＿＿＿＿年＿＿月＿＿日

主要试验设备：＿＿＿＿＿＿＿＿＿＿＿＿＿＿　　　　　　　　　　　　　　试验环境：＿＿＿＿＿＿＿

设计强度等级	C　　P　　F			水胶比			砂率 %	
配制强度 MPa				要求坍落度 mm			含气量 %	
扩展度 mm				混凝土密度 kg/m³				
水泥厂家				品种、等级			报告编号：	
砂	粗、中、细			细度模数：	产地：		报告编号：	
石	碎（卵）石		mm		产地：		报告编号：	
掺合料：名称、级别					产地：		报告编号：	
外加剂：厂名、名称、型号、掺量							报告编号：	
外加剂：厂名、名称、型号、掺量							报告编号：	

配合比设计计算过程

不同水胶比		每立方米 用量	水	水泥	砂	石			
混凝土材料 用量 kg/m³	1	理论							
		调整							
		质量比							
	2	每立方米 用量	水	水泥	砂	石			
		理论							
		调整							
		质量比							
	3	每立方米 用量	水	水泥	砂	石			
		理论							
		调整							
		质量比							

强度检验	成型日期	试压日期	养护方法	龄期 d	试件规格 mm	荷载 kN	抗压强度 MPa	强度代表值 MPa	备注
1									
2									

									坍落度 mm	实测密度 kg/m³
3										
不同水 胶比	材料	水	水 泥	砂	石				坍落度 mm	实测密度 kg/m³
1	试拌用料 kg									
2										
3										
试验依据										
备 注										

复核： 　　　　　　　　　　　　　　　　　　　　设计：

混凝土拌和物性能检测记录

记录编号：＿＿＿＿＿＿＿＿＿＿＿＿　　　样品编号：＿＿＿＿＿＿＿＿＿＿＿＿　　　状态描述：＿＿＿＿＿＿＿＿＿

委托日期：＿＿＿＿＿年＿＿月＿＿日　　　检测日期：＿＿＿＿＿年＿＿月＿＿日

主要检测设备：＿＿＿＿＿＿＿＿＿＿＿＿＿＿＿＿＿＿＿＿＿＿＿＿＿＿＿＿＿＿＿　　检测环境：＿＿＿＿＿＿＿＿＿

试拌用料 kg	水	水泥	砂子	石子			

开始搅拌时间 h：min		坍落度/维勃稠度 mm/s		

试 验 项 目

	试针面积 mm²	测试时间 h:min	混凝土贯入阻力 N			试针面积 mm²	测试时间 h:min	混凝土贯入阻力 N		
			1	2	3			1	2	3
凝结时间										
	凝结时间 min		初凝：			终凝：				
泌水率	泌水总质量 g									
	混凝土拌和物总用水量 mL									
	混凝土拌和物总质量 g									
	筒及试样质量 g									
	筒质量 g									
	试样质量 g									
	泌水率 %									
	泌水率平均值 %									

续表

	次数	A_{g1}	A_{g2}	A_{g3}	A_{01}	A_{02}	A_{03}
含气量	压力表读数 MPa						
	平均 MPa						
	含气量 %						
	混凝土拌和物含气量 %						
表观密度	容量筒质量 kg						
	容量筒和试样总质量 kg						
	容量筒容积 L						
	表观密度 kg/m³						

检测依据	
评定依据	
结 论	
备 注	

复核： 检测：

电土试表 JCJL-013.1

标准养护混凝土抗压强度检测记录

记录编号：_____　　样品编号：_____　　状态描述：_____

委托日期：_____年___月___日　　检测日期：_____年___月___日

主要检测设备：_____　　检测环境：_____

序号	设计强度等级	成型日期	检测日期	龄期 d	立方体试件边长 mm	破坏荷载 kN	抗压强度值 MPa	换算系数	强度代表值 MPa

检测依据	
评定依据	
备　注	

审核：　　　　　　　　　　　　　　　　　　　　　　　　　　　　检测：

电土试表 JCJL-013.2

同条件养护混凝土抗压强度检测记录

记录编号：_____ 样品编号：_____ 状态描述：_____

委托日期：_____年___月__日 检测日期：_____年___月__日

检测环境：_____

主要检测设备：_____

序号	设计强度等级	成型日期	检测日期	龄期 d	累计温度 ℃·d	立方体试件边长 mm	破坏荷载 kN	抗压强度值 MPa	换算系数	折算系数	强度代表值 MPa

检测依据	
评定依据	
备　注	

见证：　　　　　　　　复核：　　　　　　　　检测：

填表说明：对同条件养护混凝土试块进行全过程见证取样检测时，检测过程须经见证人员见证，本记录须由见证人员签字确认。

混凝土抗折强度检测记录

记录编号：_____　　　　样品编号：_____　　　　状态描述：_____

委托日期：_____年___月___日　　　　检测日期：_____年___月___日

主要检测设备：_____　　　检测环境：_____

序号	设计强度等级	成型日期	试验日期	龄期 d	养护方法	试件尺寸 mm	破坏荷载 kN	抗折强度值 MPa	平均值 MPa	强度代表值 MPa

检测依据	
评定依据	
备　注	

复核：　　　　　　　　　　　　　　　　　　　　　　　　　　　　　　　　　　检测：

电土试表 JCJL-013.4

混凝土抗冻（快冻）检测记录

记录编号：＿＿＿＿＿＿＿＿＿　　样品编号：＿＿＿＿＿＿＿＿＿　　状态描述：＿＿＿＿＿＿＿＿

委托日期：＿＿＿＿年＿＿月＿＿日　　检测日期：＿＿＿＿年＿＿月＿＿日

主要检测设备：＿＿＿＿＿＿＿＿＿＿＿＿＿＿＿＿＿＿＿＿＿　　检测环境：＿＿＿＿＿＿＿＿

试件编号	原始频率/质量				＿＿次冻融后频率/质量						＿＿次冻融后频率/质量					
	检测日期：				检测日期：						检测日期：					
	频率 Hz	质量 kg	动弹模量 GPa		频率 Hz	质量 kg	相对动弹模量 %		质量损失率 %		频率 Hz	质量 kg	相对动弹模量 %		质量损失率 %	
			单值	平均值			单值	平均值	单值	平均值			单值	平均值	单值	平均值

检测依据	
评定依据	
结　　论	
备　　注	

复核：　　　　　　　　　　　　　　　　　　　　　　　　　　　　　　检测：

电土试表 JCJL-013.5

混凝土抗水渗透检测记录

记录编号：_____　　　　样品编号：_____　　　　状态描述：_____

委托日期：_____年___月___日　　　　检测日期：_____年___月___日

主要检测设备：_____　　　　检测环境：_____

混凝土强度等级	C		成型日期	
混凝土抗渗等级	P		成型方法	□人工插捣　□机械振捣
养护条件			龄　期 d	
试验方法			试件编号	

加压时间		结束时间	水压 MPa	透水情况					
月日	时间			1	2	3	4	5	6

劈裂情况								

渗水高度 mm	单块值	测点值	$h_1=$ $h_6=$	$h_1=$ $h_6=$	$h_1=$ $h_6=$	$h_1=$ $h_6=$	$h_1=$ $h_6=$	$h_1=$ $h_6=$
			$h_2=$ $h_7=$	$h_2=$ $h_7=$	$h_2=$ $h_7=$	$h_2=$ $h_7=$	$h_2=$ $h_7=$	$h_2=$ $h_7=$
			$h_3=$ $h_8=$	$h_3=$ $h_8=$	$h_3=$ $h_8=$	$h_3=$ $h_8=$	$h_3=$ $h_8=$	$h_3=$ $h_8=$
			$h_4=$ $h_9=$	$h_4=$ $h_9=$	$h_4=$ $h_9=$	$h_4=$ $h_9=$	$h_4=$ $h_9=$	$h_4=$ $h_9=$
			$h_5=$ $h_{10}=$	$h_5=$ $h_{10}=$	$h_5=$ $h_{10}=$	$h_5=$ $h_{10}=$	$h_5=$ $h_{10}=$	$h_5=$ $h_{10}=$
		平均值						
	组平均值							

检测依据	
评定依据	
结　论	
备　注	

复核：　　　　　　　　　　　　　　　　　　　　　　　　　　　　检测：

砂浆配合比设计记录

记录编号：_____　　　样品编号：_____　　　状态描述：_____

委托日期：_____年____月___日　　　记录日期：_____年___月___日

主要试验设备：_____　　试验环境：_____

<table>
<tr><td rowspan="2">每立方米砂浆
材料用量</td><td colspan="3">水泥：品种_____强度等级_____牌号_____
报告编号_____用量_____kg
砂：产地_____规格_____
报告编号_____用量_____kg
掺合料：产地_____名称_____
报告编号_____用量_____kg
外加剂：厂家_____名称_____型号_____
报告编号_____用量____kg
石灰膏：产地_____
稠度_____用量_____kg</td><td colspan="2">质量
比</td></tr>
<tr><td>稠度
mm</td><td colspan="1">平均</td></tr>
</table>

<table>
<tr><td rowspan="3">设计
强度
等级</td><td rowspan="3">配制
强度
MPa</td><td rowspan="3">要求
稠度
mm</td><td rowspan="3">分层度</td><td>K_1
mm</td><td>K_2
mm</td><td>平均值
mm</td><td rowspan="3">密度</td><td>M_1
kg</td><td>M_2
kg</td><td>V
L</td><td>P
kg/m³</td><td>平均值
kg/m³</td></tr>
<tr><td></td><td></td><td></td><td></td><td></td><td></td><td></td><td></td></tr>
<tr><td colspan="12" style="text-align:left">M</td></tr>
</table>

<table>
<tr><td rowspan="6">试验结果</td><td>成型
日期</td><td>试压
日期</td><td>龄期
d</td><td>养护
方法</td><td>试件
规格
mm</td><td>破坏荷载
kN</td><td>强度
MPa</td><td>强度
代表值
MPa</td><td rowspan="6">配合比设计计算过程：</td></tr>
<tr><td rowspan="3"></td><td rowspan="3"></td><td rowspan="3"></td><td rowspan="3"></td><td rowspan="3"></td><td></td><td></td><td rowspan="3"></td></tr>
<tr><td></td><td></td></tr>
<tr><td></td><td></td></tr>
<tr><td rowspan="2"></td><td rowspan="2"></td><td rowspan="2"></td><td rowspan="2"></td><td rowspan="2"></td><td></td><td></td><td rowspan="2"></td></tr>
<tr><td></td><td></td></tr>
</table>

<table>
<tr><td rowspan="3">试拌
用料
kg</td><td>水</td><td>水泥</td><td>砂</td><td>石灰膏</td><td>掺和料</td><td>外加剂</td><td>稠度
mm</td><td>检验依据</td><td rowspan="2"></td></tr>
<tr><td></td><td></td><td></td><td></td><td></td><td></td><td></td><td></td></tr>
<tr><td></td><td></td><td></td><td></td><td></td><td></td><td></td><td>备　注</td><td></td></tr>
</table>

复核：　　　　　　　　　　　　　　　　　　　　　　　　　　　　　　　　　　　　　　设计：

砂浆拌和物性能检测记录（1）

记录编号：_____　　样品编号：_____　　状态描述：_____

委托日期：_____年___月___日　　检测日期：_____年___月___日

主要检测设备：_____　　检测环境：_____

稠度 mm		第 1 次	第 2 次
稠度平均值 mm			
保水性	试模质量 m_1 g		
	15 片中速滤纸质量 m_2 g		
	试模、试样质量 m_3 g		
	吸湿后滤纸质量 m_4 g		
	计算公式		
	保水性 %		
	平均值 %		
检测依据			
评定依据			
结论			
备注			

复核：　　　　　　　　　　　　　　　　　　　　　　　　　　　　　检测：

砂浆拌和物性能检测记录（2）

记录编号：_____　　　样品编号：_____　　　状态描述：_____

委托日期：_____年____月___日　　　记录日期：_____年___月___日

主要检测设备：_____　　检测环境：_____

<table>
<tr><td rowspan="8">砂浆材料
用量
kg/m³</td><td colspan="10">水泥：品种_____　强度等级_____　牌号_____</td></tr>
<tr><td colspan="10">用量_____　报告编号_____</td></tr>
<tr><td colspan="10">砂：产地_____　规格_____　用量_____　报告编号_____</td></tr>
<tr><td colspan="10">掺合料：产地_____　名称_____</td></tr>
<tr><td colspan="10">用量_____　报告编号_____</td></tr>
<tr><td colspan="10">外加剂：厂家_____　名称_____　型号_____</td></tr>
<tr><td colspan="10">用量_____　报告编号_____</td></tr>
<tr><td colspan="10">石灰膏：产地_____　稠度_____
用量_____</td></tr>
</table>

设计强度	配制强度	稠度 mm	分层度 mm	K_1	K_2	平均值	密度	M_1 kg	M_2 kg	V L	P kg/m³	平均值 kg/m³

冻融前试件质量 g	5 次循环	10 次循环	15 次循环	20 次循环	25 次循环
质量损失率 %					

对比试件强度 MPa		试验试件强度 MPa		强度损失率 %	

<table>
<tr><td rowspan="4">试拌
用料
kg</td><td>水</td><td>水泥</td><td>砂</td><td></td><td>稠度
mm</td><td>检测依据</td><td></td></tr>
<tr><td></td><td></td><td></td><td></td><td></td><td>评定依据</td><td></td></tr>
<tr><td></td><td></td><td></td><td></td><td></td><td rowspan="2">备　　注</td><td rowspan="2"></td></tr>
<tr><td></td><td></td><td></td><td></td><td></td></tr>
</table>

复核：　　　　　　　　　　　　　　　　　　　　　　　　　　　　　　　检测：

砂浆抗压强度检测记录

记录编号：＿＿＿＿＿＿＿＿＿　　样品编号：＿＿＿＿＿＿＿＿＿　　状态描述：＿＿＿＿＿＿＿

委托日期：＿＿＿年＿＿月＿＿日　　检测日期：＿＿＿＿年＿＿月＿＿日

主要检测设备：＿＿＿＿＿＿＿＿＿＿＿＿＿＿＿＿＿＿＿＿＿＿＿　　检测环境：＿＿＿＿＿＿＿

序号	设计强度等级	成型日期	试验日期	龄期 d	养护方法	立方体试件边长 mm	破坏荷载 kN	抗压强度值 MPa	换算系数	强度代表值 MPa
检测依据										
评定依据										
备注										

复核：　　　　　　　　　　　　　　　　　　　　　　　　检测：

掺外加剂混凝土检测记录（1）

记录编号：_____　　样品编号：_____　　状态描述：_____

委托日期：_____年___月___日　　记录日期：_____年___月___日

主要检测设备：_____　　　　　　　　　　　　检测环境：_____

样品名称				掺　　量 %	
混凝土配比	水泥品种		石子品种	砂细度模数	
	水泥用量 kg/m³		石子用量 kg/m³	砂子用量 kg	
	外加剂用量 kg/m³		水 用 量 kg/m³	砂率 %	

拌和量 L	水用量	水泥用量	砂子用量	石子用量 （5～10mm）	石子用量（10～ 20mm）	外加剂用量

试 验 项 目			基准混凝土	掺外加剂混凝土
减水率		用水量 mL		
		坍落度 mm		
		减水率 %		
泌水率比		泌水总质量 g		
		混凝土总用水量 g		
		混凝土总质量 g		
		筒及试样质量 g		
		筒质量 g		
		试验后筒及试样质量 g		
		泌水率 %		
		泌水率平均值 %		
		泌水率比 %		

续表

含气量	含气量检测	骨料	基准混凝土			掺外加剂混凝土		
	次数		1	2	3	1	2	3
	压力表读数 MPa							
	平均 MPa							
	含气量 %	$A=$	$A_0=$			$A_g=$		
	混凝土拌和物含气量 %							
收缩率比	试件编号	1	2	3	1	2	3
	初始值 mm						
	28d 龄期值 mm						
	收缩率 %						
	收缩率比 %						

检测依据	
备　　注	

复核：　　　　　　　　　　　　　　　　　　　　　　　　　　　检测：

电土试表 JCJL-017.2

掺外加剂混凝土检测记录（2）

记录编号：＿＿＿＿＿＿＿＿＿＿＿＿＿＿＿　　样品编号：＿＿＿＿＿＿＿＿＿＿＿＿＿＿　　状态描述：＿＿＿＿＿＿＿＿＿＿＿

委托日期：＿＿＿＿年＿＿月＿＿日　记录日期：＿＿＿＿年＿＿月＿＿日

主要检测设备：＿＿＿＿＿＿＿＿＿＿＿＿＿＿＿＿＿＿＿＿＿＿＿＿＿＿　　检测环境：＿＿＿＿＿＿＿＿＿＿

基混凝土贯入阻力 N									掺外加剂混凝土贯入阻力 N								
加水时间：			加水时间：			加水时间：			加水时间：			加水时间：			加水时间：		
面积	时间	阻力	面积	时间	阻力	面积	时间	阻力	面积	时间	阻力	面积	时间	阻力	面积	时间	阻力
初凝																	
终凝																	

初凝时间差 min			终凝时间差 min		

抗压强度比	抗压日期	龄期 d	基准混凝土抗压强度 kN/MPa				掺外加剂混凝土抗压强度 kN/MPa				抗压强度比 %
			1	2	3	平均值	1	2	3	平均值	

相对耐久性	初始动弹性模量 Pa	
	平均值 %	
	200 次冻融后动弹性模量 Pa	
	平均值 %	
	相对动弹性模量 %	

检测依据	
评定依据	
结 论	
备 注	

复核：　　　　　　　　　　　　　　　　　　　　　　　　　　　　　　　检测：

外加剂匀质性检测记录（1）

记录编号：＿＿＿＿＿＿＿＿＿　　　样品编号：＿＿＿＿＿＿＿＿＿　　　状态描述：＿＿＿＿＿＿＿＿＿

委托日期：＿＿＿＿年＿＿月＿＿日　　　记录日期：＿＿＿＿＿＿年＿＿月＿＿日

主要检测设备：＿＿＿＿＿＿＿＿＿＿＿＿＿＿＿＿＿＿＿＿＿＿＿＿＿＿　　　检测环境：＿＿＿＿＿＿＿＿＿

总碱量	称量盘质量 g				
	试样质量 g				
	稀释体积 mL				
	每100mL 被测定液中碱含量 mg	C_1	C_2	C_1	C_2
	碱含量 %	X_{K_2O}	X_{Na_2O}	X_{K_2O}	X_{Na_2O}
	总碱含量 %	单次值			
		平均值			
含固量	称量瓶的质量 g				
	称量瓶加试样的质量 g				
	称量瓶加烘干后试样的质量 g				
	固体含量 %	单次值			
		平均值			
密度	比重瓶在20℃时的容积 mL				
	干燥的比重瓶质量 g				
	比重瓶盛满20℃水的质量 g				
	20℃时纯水的密度 g/mL				
	装满20℃外加剂溶液后的质量 g				
	密度 %	单次值			
		平均值			
细度	试样质量 g				
	筛余物质量 g				
	细度 %	单次值			
		平均值			
pH 值	pH 值	单次值			
		平均值			
氯离子含量	硝酸银溶液的浓度 mol/L				
	氯化钠标准溶液的浓度 mol/L				

氯离子含量	氯化钠标准溶液的体积 mL		
	加 10mL 氯化钠溶液时硝酸银体积 mL		
	加 20mL 氯化钠溶液时硝酸银体积 mL		
	外加剂样品质量 g		
	外加剂氯离子含量 %	单次值	
		平均值	
硫酸钠含量	试样质量 g		
	空坩埚质量 g		
	灼烧后滤渣加坩埚质量 g		
	外加剂中硫酸钠含量 %	单次值	
		平均值	
检测依据			
评定依据			
结 论			
备 注			

复核：   检测：

外加剂匀质性检测记录（2）

记录编号：_____　　样品编号：_____　　状态描述：_____

委托日期：_____年___月___日　　检测日期：_____年___月___日

主要检测设备：_____　检测环境：_____

<table>
<tr><td rowspan="3">细度试验</td><td colspan="2">试样质量
g</td><td colspan="2">筛余物质量
g</td><td colspan="3">试样筛余百分数
%</td><td colspan="2">平均值
%</td></tr>
<tr><td colspan="2"></td><td colspan="2"></td><td colspan="3"></td><td colspan="2"></td></tr>
<tr><td colspan="2"></td><td colspan="2"></td><td colspan="3"></td><td colspan="2"></td></tr>
<tr><td rowspan="6">水泥净浆流动度</td><td>用水量
g</td><td colspan="2"></td><td colspan="2">第一次
mm</td><td colspan="2">第二次
mm</td><td colspan="2">平均
mm</td></tr>
<tr><td>外加剂用量
g</td><td colspan="2"></td><td rowspan="2" colspan="2"></td><td rowspan="2" colspan="2"></td><td rowspan="2" colspan="2"></td></tr>
<tr><td>水泥的强度等级</td><td colspan="2"></td></tr>
<tr><td>水泥生产厂家</td><td colspan="2"></td><td colspan="2"></td><td colspan="2"></td><td colspan="2"></td></tr>
<tr><td>外加剂生产厂家</td><td colspan="2"></td><td colspan="2"></td><td colspan="2"></td><td colspan="2"></td></tr>
<tr><td>外加剂名称、型号</td><td colspan="2"></td><td colspan="2"></td><td colspan="2"></td><td colspan="2"></td></tr>
<tr><td colspan="2">检测依据</td><td colspan="7"></td></tr>
<tr><td colspan="2">评定依据</td><td colspan="7"></td></tr>
<tr><td colspan="2">结　论</td><td colspan="7"></td></tr>
<tr><td colspan="2">备　注</td><td colspan="7"></td></tr>
</table>

复核：　　　　　　　　　　　　　　　　　　　　　　　　　　　　检测：

混凝土膨胀剂性能检测记录

记录编号：＿＿＿＿＿＿＿＿　　样品编号：＿＿＿＿＿＿＿＿　　状态描述：＿＿＿＿＿＿＿＿

委托日期：＿＿年＿月＿日　　检测日期：＿＿年＿月＿日

主要检测设备：＿＿＿＿＿＿＿＿＿＿＿＿＿＿＿＿＿＿＿＿　　检测环境：＿＿＿＿＿＿＿＿＿

龄 期	7d		28d		编号	测试日期（ 月 日）		测试日期（ 月 日）			测试日期（ 月 日）		
破型日期	月 日		月 日			基准长度 mm	试样长度 mm	基准长度 mm	水中7d试样长度 mm	水中7d膨胀率 %	基准长度 mm	空气中21d试样长度 mm	空气中21d膨胀率 %
抗压强度 MPa		kN	MPa	kN	MPa	1							
	1					2							
	2					3							
	3					细度1.18mm筛筛余（修正系数： ）		比表面积 m²/kg		化学成分			
	4							试样质量 g		氧化镁含量 %			
	5					试样质量 g		时间 s				4.3	4.3
	6					筛余物质量 g		温度 ℃				4.3	
	结果					细度 %		比表面积 m²/kg		碱含量 %			
凝结时间	加水时间					细度平均值 %		比表面积平均值 m²/kg					
	测试时间 h: min										初凝时间 min		
	试针距底板距离 mm												
	测试时间 h: min										终凝时间 min		
	附件在试体上有无痕迹												

检测依据	
评定依据	
结 论	
备 注	

复核：　　　　　　　　　　　　　　　　　　　　　　　　　　　　　检测：

混凝土拌和用水性能检测记录

记录编号： _____ 　　样品编号： _____ 　　状态描述： _____

委托日期： _____年___月___日 　　记录日期： _____年___月___日

主要检测设备： _____ 　　检验环境： _____

水样类型		水样外观	
取样地点		样品状态	
试验项目			
pH 值			
不溶物	悬浮物+滤膜+称量瓶质量 g		
	滤膜+称量瓶质量 g		
	试样体积 mL		
	悬浮物含量 mg/L		
可溶物	蒸发皿的质量 g		
	蒸发皿和溶解性总固体的质量 g		
	水样体积 mL		
	水样中溶解性总固体的质量浓度 mg/L		
Cl^-	蒸馏水消耗硝酸银标准溶液量 mL		
	试样消耗硝酸银标准溶液量 mL		
	硝酸银标准溶液浓度 mol/L		
	试样体积 mL		
	Cl^-含量 mg/L		
SO_4^{2-}	从试样中沉淀出来的硫酸钡质量 g		
	试料的体积 mL		
	SO_4^{2-}的含量 mg/L		
检测依据			
评定依据			
结　论			
备　注			

复核：　　　　　　　　　　　　　　　　　　　　　　　　　　　　　　　　　　检测：

水泥基灌浆材料性能检测记录

记录编号：_____　　　样品编号：_____　　　状态描述：_____

委托日期：_____年___月___日　　检测日期：_____年___月___日

主要检测设备：_____　　　　　　　　　　　　　　　　检测环境：_____

产品型号			牌　号			生 产 厂 家					
龄期	1d		3d		28d	钢筋握裹力 MPa	P_1		D mm	L mm	A mm^2
破型日期	月 日		月 日		月 日		P_2				
	序号	kN	MPa	kN	MPa	kN	MPa	P_3			
抗压荷载强度	1							流动度 mm	初始流动度		
	2								30min 流动度保留值		
	3							竖向膨胀率 %	初始值 mm	龄期值 mm	基准值 mm	膨胀率 %
	4										
	5							粒径	试样质量 g	筛余质量 g	筛余 %
	6										
抗压强度 MPa											

凝结时间（加水时间 h：min）— 面积 / 时间 / 阻力

凝结时间	加水时间 h：min	面积				初凝时间 min	终凝时间 min
		时间					
		阻力					

对钢筋锈蚀作用		V_w g	W g	G g	G_1 g	G_0 g	G_w g	B_c %	泌水率 %

检测依据	
评定依据	
结论	
备注	

复核：　　　　　　　　　　　　　　　　　　　　　　　　　　　　　　检测：

防水卷材性能检测记录

记录编号：_____ 样品编号：_____ 状态描述：_____

委托日期：_____年___月___日 检测日期：_____年___月___日

主要检测设备：_____ 检测环境：_____

产品标记			合格证编号						

试验项目			检测结果							
			试件						结果	本项结论
可溶物含量 g/m²			萃取前质量	萃取后质量	萃取前质量	萃取后质量	萃取前质量	萃取后质量		
			$A=$		$A=$		$A=$			
耐热性 ℃		滑动值 mm								
		检测现象								
低温柔性（ ℃）		上表面								
		下表面								
不透水性		压力 MPa								
		保持时间 30±2min								
拉伸性能	拉力 N/50mm	最大峰拉力，纵向								
		最大峰拉力，横向								
		次高峰拉力，纵向								
		次高峰拉力，横向								
		检测现象								
	延伸率 %	最大峰时延伸率，纵向	$L_1=$ $S=$	$L_1=$ $S=$	$L_1=$ $S=$	$L_1=$ $S=$	$L_1=$ $S=$			
		最大峰时延伸率，横向	$L_1=$ $S=$	$L_1=$ $S=$	$L_1=$ $S=$	$L_1=$ $S=$	$L_1=$ $S=$			
		第二峰时延伸率，纵向	$L_1=$ $S=$	$L_1=$ $S=$	$L_1=$ $S=$	$L_1=$ $S=$	$L_1=$ $S=$			
		第二峰时延伸率，横向	$L_1=$ $S=$	$L_1=$ $S=$	$L_1=$ $S=$	$L_1=$ $S=$	$L_1=$ $S=$			
渗油性 ℃		渗油张数								
检测依据										
评定依据										
结 论										
备 注										

复核： 检测：

防水涂料性能检测记录（1）

记录编号：＿＿＿＿＿＿＿＿＿ 样品编号：＿＿＿＿＿＿＿＿＿ 状态描述：＿＿＿＿＿＿＿

委托日期：＿＿＿年＿＿月＿＿日 检测日期：＿＿＿年＿＿月＿＿日

主要检测设备：＿＿＿＿＿＿＿＿＿＿＿＿＿＿＿＿＿＿＿＿＿ 检测环境：＿＿＿＿＿＿＿＿

品种及组分								类别		
试 验 项 目			检 测 结 果							
			试件 1	试件 2	试件 3	试件 4	试件 5	试件 6	结果
1	拉伸强度 MPa	厚度 mm	检测值							
			平均值							
		宽度 mm								
		荷载 N								
		拉伸强度 MPa								
2	断裂伸长率 %	断裂时标线间距 mm								
		断裂伸长率 %								
3	＿＿处理后拉伸强度 MPa	厚度 mm	检测值							
			平均值							
		宽度 mm								
		荷载 N								
		强度 MPa								
4	保持率 %									
5	黏结强度 MPa	黏结长度 mm								
		黏结宽度 mm								
		拉力 N								
		黏结强度 MPa								
6	撕裂强度 MPa	厚度 mm	检测值							
			平均值							
		拉力 N								
		撕裂强度 N/mm								
检测依据										
评定依据										
结 论										
备 注										

复核： 检测：

防水涂料性能检测记录（2）

记录编号：_____　　　样品编号：_____　　　状态描述：_____

委托日期：_____年___月___日　　检测日期：_____年___月___日

主要检测设备：_____　　　检测环境：_____

品种及组分				类别		生产厂家	

试验项目			检测结果			
			试件 1	试件 2	试件 3	结 果
7	固体含量 %	培养皿质量 g				
		干燥前试样和培养皿质量 g				
		干燥后试样和培养皿质量 g				
		固体质量 %				
8	表干时间 h	开始计时时间	时　分	时　分		
		表干计时时间	时　分	时　分		
		表干时间 h				
9	实干时间 h	实干计时时间	时　分	时　分		
		实干时间 h				
10	耐热性（　　　℃）					
11	低温柔度（　　　℃）					
12	低温弯折性（　　　℃）					
13	不透水性（　　　　）					

检测依据	
评定依据	
结　　论	
备　　注	

复核：　　　　　　　　　　　　　　　　　　　　　　　　　　　　　　检测：

沥青性能检测记录

记录编号：_____ 样品编号：_____ 状态描述：_____

委托日期：_____年___月___日 记录日期：_____年___月___日

主要检测设备：_____ 检测环境：_____

品种及牌号		生产厂家			
沥 青 试 验 项 目					
检测项目	性能指标			检测结果	平均值
	10 号	30 号	40 号		
针入度（25℃，100g，5s）1/10mm					
延度（25℃，5cm/min）cm，不小于					
软化点 ℃，不小于					
检测依据					
评定依据					
结 论					
备 注					

复核： 检测：

回弹法混凝土抗压强度检测记录

委托编号：_____ 记录编号：_____ 状态描述：_____

构件尺寸：_____ 委托日期：____年__月__日 记录日期：____年__月__日

浇筑日期：____年__月__日 浇筑方法：_____ 检测环境：_____

强度等级：_____ 回弹结构或构件名称：_____

测区号	回 弹 值																	碳化深度 mm			强度换算值 MPa
	1	2	3	4	5	6	7	8	9	10	11	12	13	14	15	16	R_m	单个值	测区	构件	

强度计算	$n=$	$mf_{cu}^c =$ MPa	$sf_{cu}^c =$ MPa	$f_{cu,min}^c =$ MPa	$f_{cu,e} =$ MPa

检测依据	

测面状态	□侧面 □表面 □底面 □风干 □潮湿	回弹仪	型号： 编号：
测试角度	□水平 □向上 □向下		率定值： 率定温度：

备注	

复核：　　　　　　　　　　　　　　　　　　　　　　　　　　检测：

75

钻芯法混凝土抗压强度检测记录

委托编号：_____ 记录编号：_____ 状态描述：_____

委托日期：____年__月__日 记录日期：____年__月__日

主要检测设备：_____ 检测环境：_____

钻芯构件名称		端面补平材料及加工方法	
混凝土配合比		粗骨料品种、粒径	
含有钢筋的数量、直径和位置		钻芯位置及方向	
检测类别			

试样编号	成型日期	龄期 d	芯样平均直径 mm	芯样高度 mm	受压面积 mm²	检测结果			
						破坏荷重 kN	抗压强度 MPa	混凝土换算强度 MPa	混凝土强度推定值 MPa

检测依据	
评定依据	
结 论	
备 注	

复核： 检测：

后锚固承载力检测记录

委托编号：_____　　　记录编号：_____　　　状态描述：_____

委托日期：____年___月___日　　　记录日期：____年___月___日

主要检测设备：_____　　　检测环境：_____

序号	检测部位	植筋日期	代表数量	钢筋规格及种类	钻孔深度mm	钻孔直径mm	计算荷载kN	检验荷载kN	持荷时间min	持荷后检验荷载kN	破坏状态

检测依据	
评定依据	
结　论	
备　注	

复核：　　　　　　　　　　　　　　　　　　　　　　　检测：

锚杆承载力检测记录

记录编号：_____ 样品编号：_____ 状态描述：_____

委托日期：_____年___月___日 记录日期：_____年___月___日

主要检测设备：_____ 检测环境：_____

检测地点		型号规格	
锚杆数量		抽检组数	
锚固长度			

检 验 结 果					
检测日期	桩 号	高程 m	单根抗拔力 kN	平均抗拔力 kN	备 注
检测依据					
评定依据					
结 论					
备 注					

复核： 检测：

结构实体钢筋保护层厚度检测记录

记录编号：_____ 样品编号：_____ 状态描述：_____

委托日期：_____年___月___日 检测日期：_____年___月___日

主要检测设备：_____ 检测环境：_____

工程名称		单位工程名称							
构件类别				检测类别					
工程部位	构件型号及配筋	钢筋编号	钢筋公称直径 mm	钢筋保护层厚度设计值 mm	检测部位	保护层厚度检测值 mm				
						第1次检测值	第2次检测值	验证值	垫块厚度	平均值

检测依据	
评定依据	
结　论	
备　注	

复核：　　　　　　　　　　　　　　　　　　　　　　　　　　　　　　　　　检测：

饰面砖黏结强度检测记录

记录编号：＿＿＿＿＿＿＿＿＿　　样品编号：＿＿＿＿＿＿＿＿＿　　状态描述：＿＿＿＿＿＿＿＿＿

委托日期：＿＿＿年＿＿月＿＿日　　记录日期：＿＿＿年＿＿月＿＿日

主要检测设备：＿＿＿＿＿＿＿＿＿＿＿＿＿＿＿＿＿＿＿＿＿　　检测环境：＿＿＿＿＿＿＿＿＿

基体类型					黏结剂			
黏结材料					饰面砖品种及牌号			
组号	抽样部位	龄期 d	试件尺寸 mm	黏结力 kN	黏结强度 MPa		破坏状态	备注
					单个值	平均值		
检测依据								
评定依据								
结　论								
备　注								

复核：　　　　　　　　　　　　　　　　　　　　　　　　　　　　　检测：

80

混凝土结构构件性能检测记录

委托编号：＿＿＿＿＿＿＿＿　　　记录编号：＿＿＿＿＿＿＿＿　　　试件规格、型号：＿＿＿＿＿＿＿＿

主要检测设备：＿＿＿＿＿＿　　检测日期：＿＿＿年＿＿月＿＿日　　检测环境：＿＿＿＿＿＿＿＿

项目	外形尺寸长×宽×厚 mm	保护层厚 mm	构件自重 kN	荷载				温度	测读时间	测点号： 仪器号： 特性：				测点号： 仪器号： 特性：				测点号： 仪器号： 特性：				测点号： 仪器号： 特性：				实测挠度 mm	备注
				荷载级数	加载时间	加载值	累计值			读数	读数差	累计	换算	读数	读数差	累计	换算	读数	读数差	累计	换算	读数	读数差	累计	换算		
设计																											
实测																											
项目	主筋规格数量	混凝土强度 MPa	标准荷载 N/m²																							
设计																											
实测																											

加荷简图，仪表位置及编号：

V1　　　V3　V4　　　　V2

裂缝情况及破坏特征：

板面
板侧
板底
板侧

检测依据		结论	

复核：　　　　　　　　　　　　　　　　　　　　　　　　　　　　　　　　检测：

_____防 滑 性 能 检 测 记 录

记录编号：_____　　样品编号：_____　　状态描述：_____

委托日期：_____年___月___日　　检测日期：_____年___月___日

主要检测设备：_____　　检测环境：_____

样品名称					规格 mm		
（面层）材料种类					代表数量 m²		
质量等级					防滑等级		
状态描述					检测地点		
防滑系数校正	检测次数		1	2	3	4	重块+滑块质量 N
	干态检测前	拉力 N					
		校准值					
	干态检测后	拉力 N					
		校准值					
	湿态检测前	拉力 N					
		校准值					
	湿态检测后	拉力 N					
		校准值					
防滑系数	检测次数		1	2	3	4	防滑系数
							单个样品 / 平均值
	干态表面检测	第一样品拉力 N					
		第二样品拉力 N					
		第三样品拉力 N					
	湿态表面检测	第一样品拉力 N					
		第二样品拉力 N					
		第三样品拉力 N					
检测依据							
评定依据							
结 论							
备 注							

复核：　　　　　　　　　　　　　　　　　　　　　　　　　　　　　　检测：

砂石碱活性检测记录（砂浆长度法）

记录编号：_____　　　样品编号：_____　　　状态描述：_____

委托日期：_____年___月___日　　　记录日期：_____年___月___日

主要检测设备：_____　　检测环境：_____

产地		进场日期		取样日期	
品种		检测日期		取样地点	
规格		标准杆长度 mm			
试件成型后编号		水泥碱含量 %			
筛孔尺寸 mm	0.16～0.315	0.315～0.63	0.63～1.25	1.25～2.50	2.50～5.0
砂用量 g					
水泥用量 g		用水量 mL		10%NaOH g	

测量日期	龄期 d	编号	试件基长 L_0 mm	测头长度 Δ mm	龄期长度 L_t mm	试件膨胀率 ε_t %	
						单值	平均值
		1					
		2					
		3					
		1					
		2					
		3					
		1					
		2					
		3					
		1					
		2					
		3					
		1					
		2					
		3					
		1					
		2					
		3					

使用前			使用后		
检测依据					
评定依据					
结　论					
备　注					

复核：　　　　　　　　　　　　　　　　　　　　　　　　　　　　　　　　　　检测：

3 土建工程检测报告

水 泥 检 测 报 告

委托编号：_____ 记录编号：_____ 报告编号：_____

委托日期：_____年___月___日 检测日期：_____年___月___日 报告日期：_____年___月___日

委托单位：_____ 工程名称：_____

单位工程名称：_____

厂名、牌号			出厂日期		
品种、强度等级			出厂编号		
进场日期			取样日期		
代表数量 t			状态描述		
见证单位			见证人及证书编号		
取样人姓名及证书编号			送样人		

检测项目		技术要求	检测值					
细度（___μm 筛筛析法）%								
比表面积 m²/kg								
标准稠度用水量 %								
凝结时间 min	初凝							
	终凝							
安 定 性	标准法							
	代用法							
胶砂流动度 mm								
抗压强度 MPa	3d		单个值					
			平均值					
	28d		单个值					
			平均值					
抗折强度 MPa	3d		单个值					
			平均值					
	28d		单个值					
			平均值					
检测依据								
评定依据								
结 论								
备 注		1．本报告无本单位检测或试验报告专用章无效； 2．本报告无检测或试验人、审核人、批准人签名无效； 3．本报告涂改无效； 4．复制报告未重新盖本单位检测或试验报告专用章无效。						

检测单位（章）： 批准： 审核： 检测：

检测单位地址：

联系电话：

建设用砂检测报告

委托编号：＿＿＿＿＿＿＿＿＿＿＿ 记录编号：＿＿＿＿＿＿＿＿＿＿＿ 报告编号：＿＿＿＿＿＿＿＿＿＿＿

委托日期：＿＿＿＿年＿＿月＿＿日 检测日期：＿＿＿＿年＿＿月＿＿日 报告日期：＿＿＿＿年＿＿月＿＿日

委托单位：＿＿＿＿＿＿＿＿＿＿＿ 工程名称：＿＿＿＿＿＿＿＿＿＿＿

单位工程名称：＿＿＿＿＿＿＿＿＿

品 种			产 地			代表数量 m³	
规 格			状态描述				
见证单位			见证人及证书编号				
取样人及证书编号			送样人				

检测项目		技术要求					测试值	
筛分析	细度模数	特细砂	细砂	中砂	粗砂			
		1.5～0.7	2.2～1.6	3.0～2.3	3.7～3.1			
	颗粒级配	Ⅰ区		Ⅱ区		Ⅲ区	符合	级配区
	累计筛余 %	10.0mm	0		0		0	
		5.00mm	10～0		10～0		10～0	
		2.50mm	35～5		25～0		15～0	
		1.25mm	65～35		50～10		25～0	
		630μm	85～71		70～41		40～16	
		315μm	95～80		92～70		85～55	
		160μm	100～90		100～90		100～90	

检测项目	技术要求	测试值	检测项目	技术要求	测试值
表观密度 kg/m³			泥块含量 %		
堆积密度 kg/m³			坚固性 %		
亚甲蓝检测			压碎指标 %		
含泥量（石粉含量） %			氯离子含量 %		
检测依据					
评定依据					
结 论	使用于＿＿＿＿＿＿强度等级的混凝土				
备 注	1. 本报告无本单位检测或试验报告专用章无效； 2. 本报告无检测或试验人、审核人、批准人签名无效； 3. 本报告涂改无效； 4. 复制报告未重新盖本单位检测或试验报告专用章无效。				

检测单位（章）： 批准： 审核： 检测：

检测单位地址：

联系电话：

建设用石检测报告

委托编号：_____ 记录编号：_____ 报告编号：_____

委托日期：_____年___月___日 检测日期：_____年___月___日 报告日期：_____年___月___日

委托单位：_____ 工程名称：_____

单位工程名称：_____

品 种		产 地		代表数量 m³	
规 格 mm		状态描述			
见证单位		见证人及证书编号			
取样人及证书编号		送样人			

检测项目			技 术 要 求	累计筛余 %
颗粒级配	级配情况	公称粒径 mm		
		50.0		
		40.0		
		31.5		
		25.0		
		20.0		
		16.0		
		10.0		
		5.0		
		2.5		

检测项目	技术要求	测 试 值	检测项目	技术要求	测 试 值
表观密度 kg/m³			压碎指标值 %		
含泥量 %			坚固性 %		
泥块含量 %			岩石抗压强度 MPa		
针、片状颗粒含量 %					

检验依据	
评定依据	
结 论	
备 注	1. 本报告无本单位检测或试验报告专用章无效； 2. 本报告无检测或试验人、审核人、批准人签名无效； 3. 本报告涂改无效； 4. 复制报告未重新盖本单位检测或试验报告专用章无效。

检测单位（章）：　　　　　　批准：　　　　　　审核：　　　　　　检测：

检测单位地址：

联系电话：

87

电土试表 JCBG-004

粉 煤 灰 检 测 报 告

委托编号：_____　　记录编号：_____　　报告编号：_____

委托日期：_____年___月___日　检测日期：_____年___月___日　报告日期：_____年___月___日

委托单位：_____　　工程名称：_____

单位工程名称：_____

生产厂家		粉煤灰类别、等级	
出厂批号		出厂日期	
代表数量 t		取样日期	
取样地点		状态描述	
见证单位		见证人及证书编号	
取样人及证书编号		送样人	

检 测 项 目		技 术 要 求			检 测 值
		Ⅰ级	Ⅱ级	Ⅲ级	
细度（0.045mm 方孔筛余）%，≤	F 类粉煤灰				
	C 类粉煤灰				
烧失量 %，≤	F 类粉煤灰				
	C 类粉煤灰				
需水量比 %，≤	F 类粉煤灰				
	C 类粉煤灰				
安定性（雷氏夹法）mm，≤	C 类粉煤灰				
含水量 %，≤	F 类粉煤灰				
	C 类粉煤灰				
三氧化硫含量 %，≤	F 类粉煤灰				
	C 类粉煤灰				
游离氧化钙 %，≤	F 类粉煤灰				
	C 类粉煤灰				
检测依据					
评定依据					
结 论					
备 注	1. 本报告无本单位检测或试验报告专用章无效；2. 本报告无检测或试验人、审核人、批准人签名无效；3. 本报告涂改无效；4. 复制报告未重新盖本单位检测或试验报告专用章无效。				

检测单位（章）：　　　　批准：　　　　审核：　　　　检测：

检测单位地址：

联系电话：

电土试表 JCBG-005.1

_____砖检测报告

委托编号：_____ 记录编号：_____ 报告编号：_____

委托日期：___年__月__日 检测日期：___年__月__日 报告日期：___年__月__日

委托单位：_____ 工程名称：_____

单位工程名称：_____ 工程部位：_____

种类					生产厂家			
规格 mm					合格证编号			
强度等级					代表数量			
进场日期					状态描述			
见证单位					见证人及证书编号			
取样人及证书编号					送样人			

项目	抗压强度				抗折强度		体积密度 kg/m³
	平均值 MPa	变异系数	标准值 MPa	最小值 MPa	平均值 MPa	最小值 MPa	
技术要求							
检测值							

检测依据	
评定依据	
结 论	
备 注	1. 本报告无本单位检测或试验报告专用章无效； 2. 本报告无检测或试验人、审核人、批准人签名无效； 3. 本报告涂改无效； 4. 复制报告未重新盖本单位检测或试验报告专用章无效。

检测单位（章）： 批准： 审核： 检测：

检测单位地址：

联系电话：

电士试表 JCBG-005.2

_____砌块检测报告

委托编号：_____   记录编号：_____   报告编号：_____

委托日期：_____年___月___日   检测日期：_____年___月___日   报告日期：_____年___月___日

委托单位：_____   工程名称：_____

单位工程名称：_____   工程部位：_____

种类			生产厂家	
规格 mm			合格证编号 及代表数量	
强度等级			密度等级	
进场日期			状态描述	
见证单位			见证人及证书编号	
取样人及证书编号			送样人	
项目	抗压强度 MPa		_____密度 kg/m³	
技术要求	单组最小值	平均值	平均值	
检测值				
检测依据				
评定依据				
结 论				
备 注	1．本报告无本单位检测或试验报告专用章无效； 2．本报告无检测或试验人、审核人、批准人签名无效； 3．本报告涂改无效； 4．复制报告未重新盖本单位检测或试验报告专用章无效。			

检测单位（章）：   批准：   审核：   检测：

检测单位地址：

联系电话：

电土试表 JCBG-006

钢筋（材）检测报告

委托编号：_____ 　　记录编号：_____ 　　报告编号：_____

委托日期：_____年___月___日　检测日期：_____年___月___日　报告日期：_____年___月___日

委托单位：_____ 　　工程名称：_____

单位工程名称：_____

钢材种类		代表数量 t		
牌号		钢筋（材）直径（规格） mm		
生产厂家		供货单位		
质保书编号		炉（批）号		
进场日期		状态描述		
见证单位		见证人及证书编号		
取样人及 证书编号号		送样人		

试验 项目		力学性能						弯曲性能	质量 偏差 %
		屈服强度 R_{eL} MPa	抗拉强度 R_m MPa	伸长率 A %	最大力下 伸长率 A_{gt} %	强屈比 R^O_m/R^O_{eL}	屈标比 R^O_{eL}/R_{eL}	$d=$ α $α=$ 。	
技术 要求		不小于						不大于 合格	
测 试 值									
检测依据									
评定依据									
结　　论									
备　　注		1. 本报告无本单位检测或试验报告专用章无效； 2. 本报告无检测或试验人、审核人、批准人签名无效； 3. 本报告涂改无效； 4. 复制报告未重新盖本单位检测或试验报告专用章无效。							

检测单位（章）：　　　　　批准：　　　　审核：　　　　检测：

检测单位地址：

联系电话：

钢筋（材）焊接检测报告

委托编号：_____ 记录编号：_____ 报告编号：_____

委托日期：____年__月__日 检测日期：____年__月__日 报告日期：____年__月__日

委托单位：_____ 工程名称：_____

单位工程名称：_____ 工程部位：_____

检验种类		试件代表数量根	
钢筋种类		钢筋牌号	
焊工姓名		钢筋公称直径mm	
焊工上岗证号		焊接方法、接头形式	
钢筋原材报告编号		状态描述	
见证单位		见证人及证书编号	
取样人及证书编号		送样人	

试样编号	拉 伸 试 验			弯 曲 试 验	
	抗拉强度MPa	断口距焊缝长度mm	断裂特征	弯心直径：α	弯曲角度：°
1					
2					
3					
4					
5					
6					

检测依据	
评定依据	
结 论	
备 注	1. 本报告无本单位检测或试验报告专用章无效； 2. 本报告无检测或试验人、审核人、批准人签名无效； 3. 本报告涂改无效； 4. 复制报告未重新盖本单位检测或试验报告专用章无效。

检测单位（章）：　　　　　　批准：　　　　　审核：　　　　　检测：

检测单位地址：

联系电话：

钢筋机械连接检测报告

委托编号：_____　　记录编号：_____　　报告编号：_____

委托日期：_____年___月___日　检测日期：_____年___月___日　报告日期：_____年___月___日

委托单位：_____　　工程名称：_____

单位工程名称：_____　工程部位：_____

检测种类		试件代表数量 根	
钢筋种类		钢筋牌号	
操作人姓名		钢筋公称直径 mm	
上岗证编号		连接方法及接头等级	
钢筋原材报告编号		状态描述	
见证单位		见证人及证书编号	
取样人及证书编号		送样人	

试样编号	抗拉强度 MPa	残余变形 mm		断口距套筒长度 mm	破坏形态
		单值	平均值		

检测依据	
评定依据	
结　论	
备　注	1. 本报告无本单位检测或试验报告专用章无效； 2. 本报告无检测或试验人、审核人、批准人签名无效； 3. 本报告涂改无效； 4. 复制报告未重新盖本单位检测或试验报告专用章无效。

检测单位（章）：　　　批准：　　　审核：　　　检测：

检测单位地址：

联系电话：

土 壤 击 实 试 验 报 告

委托编号：_____　　记录编号：_____　　报告编号：_____

委托日期：____年___月___日　　试验日期：____年___月___日　　报告日期：____年___月___日

委托单位：_____　　工程名称：_____

单位工程名称：_____

土壤类别			击实类别	
状态描述				
见证单位			见证人及证书编号	
取样人及证书编号			送样人	

试样编号	湿密度 g/cm³	含水率 %	干密度 g/cm³	最优含水量 %	最大干密度 g/cm³

击实曲线

干密度 ρ(g/cm³) ／ 含水量 W(%)

依据标准	
备　注	1. 本报告无本单位检测或试验报告专用章无效； 2. 本报告无检测或试验人、审核人、批准人签名无效； 3. 本报告涂改无效； 4. 复制报告未重新盖本单位检测或试验报告专用章无效。

检测单位（章）：　　批准：　　审核：　　检测：

检测单位地址：

联系电话：

回 填 土 检 测 报 告

委托编号：_____   记录编号：_____   报告编号：_____

委托日期：_____年___月___日   检测日期：_____年___月___日   报告日期：_____年___月___日

委托单位：_____   工程名称：_____

单位工程名称：_____   工程部位：_____

土壤类别		密度试验方法		压实机械	
设计压实系数		击实报告编号		试样数量 组	
回填面积/长度 m²/m		状态描述			
见证单位			见证人及证书编号		
取样人及证书编号			送样人		

取样标高及平面布置图：

试样编号	含水率 %	干密度 g/cm³	压实系数	试样编号	含水率 %	干密度 g/cm³	压实系数

检测依据	
评定依据	
结　论	
备　注	1. 本报告无本单位检测或试验报告专用章无效； 2. 本报告无检测或试验人、审核人、批准人签名无效； 3. 本报告涂改无效； 4. 复制报告未重新盖本单位检测或试验报告专用章无效。

检测单位（章）：　　　　　批准：　　　　　审核：　　　　　检测：

检测单位地址：

联系电话：

混凝土配合比设计报告

委托编号：＿＿＿＿＿＿＿＿＿＿　　记录编号：＿＿＿＿＿＿＿＿＿＿　　报告编号：＿＿＿＿＿＿＿＿＿＿

委托日期：＿＿＿＿年＿＿月＿＿日　　设计日期：＿＿＿＿年＿＿月＿＿日　　报告日期：＿＿＿＿年＿＿月＿＿日

委托单位：＿＿＿＿＿＿＿＿＿＿　　工程名称：＿＿＿＿＿＿＿＿＿＿

单位工程名称：＿＿＿＿＿＿＿＿＿

强度等级		抗渗等级		抗冻等级		要求坍落度 mm	
水泥品种/ 等级		生产厂家		出厂日期		报告编号	
砂种类		产地		规格		报告编号	
石种类		产地		规格 mm		报告编号	
掺合料名称		生产厂家		类别、等级		报告编号	
掺合料名称		生产厂家		类别、等级		报告编号	
外加剂名称		生产厂家		型号		报告编号	
外加剂名称		生产厂家		型号		报告编号	
试配强度 MPa		水胶比		砂率 %		氯离子含量 %	
每立方米材料 用量 kg	水	水泥	砂	石			
配合比 （质量比）							
试验依据							
说明	1. 现场混凝土拌和时，应根据骨料实际含水量情况调整砂、石、水用量； 2. 混凝土拌和时，应严格控制坍落度，不可随意加水，扩大水灰比； 3. 水泥、外加剂或掺和料等原材料品种、质量有显著变化时，应重新进行配合比设计。						
备注	1. 本报告无本单位检测报告专用章无效； 2. 本报告无设计人、审核人、批准人签名无效； 3. 本报告涂改无效； 4. 复制报告未重新盖本单位检测报告专用章无效。						

检测单位（章）：　　　　　　批准：　　　　　　审核：　　　　　　设计：

检测单位地址：

联系电话：

混凝土拌和物性能检测报告

委托编号: _____ 　　记录编号: _____ 　　报告编号: _____

委托日期: _____年___月___日　　检测日期: _____年___月___日　　报告日期: _____年___月___日

委托单位: _____　　工程名称: _____

单位工程名称: _____　　工程部位: _____

水泥厂名、牌号: _____　　强度等级: _____　　品种: _____　　检测报告编号: _____

砂子产地: _____　　品种: _____　　规格: _____　　检测报告编号: _____

石子产地: _____　　品种: _____　　规格: _____ mm　　检测报告编号: _____

外加剂厂名: _____　　名称型号: _____　　占水泥用量: _____%　　检测报告编号: _____

掺合料产地: _____　　名称: _____　　占水泥用量: _____%　　检测报告编号: _____

强度等级: _____　　设计坍落度: _____mm　　水灰（胶）比: _____　　砂率: _____%

见证单位: _____　　见证人及证书编号: _____

取样人及证书编号: _____　　送样人: _____　　状态描述: _____

混凝土拌和物性能指标	
检测项目	检测值
表观密度 kg/m³	
泌水率 %	
含气量 %	
坍落度/扩展度 mm	
维勃稠度 s	
凝结时间 h:min　初凝	
凝结时间 h:min　终凝	
检测依据	
评定依据	
结　　论	
备　　注	1. 本报告无本单位检测或试验报告专用章无效; 2. 本报告无检测或试验人、审核人、批准人签名无效; 3. 本报告涂改无效; 4. 复制报告未重新盖本单位检测或试验报告专用章无效。

检测单位（章）:　　　批准:　　　审核:　　　检测:

检测单位地址:

联系电话:

标准养护混凝土抗压强度检测报告

委托编号：＿＿＿＿＿＿＿＿＿＿　　记录编号：＿＿＿＿＿＿＿＿＿＿　　报告编号：＿＿＿＿＿＿＿＿＿＿

委托日期：＿＿＿年＿月＿日　　设计日期：＿＿＿年＿月＿日　　报告日期：＿＿＿年＿月＿日

委托单位：＿＿＿＿＿＿＿＿＿＿　　工程名称：＿＿＿＿＿＿＿＿＿＿

单位工程名称：＿＿＿＿＿＿＿＿　　工程部位：＿＿＿＿＿＿＿＿＿＿

强度等级	C	状态描述	
配合比编号		试件成型方法	
立方体试件边长 mm		石子最大粒径 mm	
见证单位		见证人及证书编号	
取样人及证书编号		送样人	

试件编号	成型日期	检测日期	龄期 d	抗压强度值 MPa	尺寸换算系数	强度代表值 MPa

检测依据

备注：
1. 本报告无本单位检测或试验报告专用章无效；
2. 本报告无检测或试验人、审核人、批准人签名无效；
3. 本报告涂改无效；
4. 复制报告未重新盖本单位检测或试验报告专用章无效。

检测单位（章）：　　　批准：　　　审核：　　　检测：

检测单位地址：

联系电话：

电土试表 JCBG-013.2

同条件养护混凝土抗压强度检测报告

委托编号：＿＿＿＿＿＿＿＿＿＿　　记录编号：＿＿＿＿＿＿＿＿＿＿　　报告编号：＿＿＿＿＿＿＿＿＿＿

委托日期：＿＿＿＿年＿＿月＿＿日　检测日期：＿＿＿＿年＿＿月＿＿日　报告日期：＿＿＿＿年＿＿月＿＿日

委托单位：＿＿＿＿＿＿＿＿＿＿　　工程名称：＿＿＿＿＿＿＿＿＿＿

单位工程名称：＿＿＿＿＿＿＿＿　工程部位：＿＿＿＿＿＿＿＿＿＿

强度等级		C		状态描述		
配合比编号						
试件成型方法				累计温度 ℃·d		
立方体试件边长 mm				石子最大粒径 mm		
见证单位				见证人及证书编号		
取样人及证书编号				送样人		
试件编号	成型日期	检测日期	龄期 d	抗压强度值 MPa	尺寸换算系数	同条件折算系数	强度代表值 MPa

检测依据	
备注	1. 本报告无本单位检测或试验报告专用章无效； 2. 本报告无检测或试验人、审核人、批准人签名无效； 3. 本报告涂改无效； 4. 复制报告未重新盖本单位检测或试验报告专用章无效。

检测单位（章）：　　　　批准：　　　　审核：　　　　检测：

见证单位：　　　　　　　见证：

检测单位地址：

联系电话：

填表说明：对同条件养护混凝土试块进行全过程见证取样检测时,检测过程须经见证人员见证，本报告须由见证人员签字确认。

混凝土抗折强度检测报告

委托编号：_____ 记录编号：_____ 报告编号：_____

委托日期：___年__月__日 检测日期：___年__月__日 报告日期：___年__月__日

委托单位：_____ 工程名称：_____

单位工程名称：_____ 工程部位：_____

强度等级 MPa		试件成型方法	
配合比编号		试件养护条件	
试件尺寸（mm）		状态描述	
见证单位		见证人及证书编号	
取样人及证书编号		送样人	

试件编号	成型日期	试验日期	龄期 d	抗折强度值 MPa	强度平均值 MPa	换算系数	强度代表值 MPa

检测依据	
备　注	1. 本报告无本单位检测或试验报告专用章无效； 2. 本报告无检测或试验人、审核人、批准人签名无效； 3. 本报告涂改无效； 4. 复制报告未重新盖本单位检测或试验报告专用章无效。

检测单位（章）：　　　　批准：　　　　审核：　　　　检测：

检测单位地址：

联系电话：

混凝土抗冻检测报告

委托编号：＿＿＿＿＿＿＿＿＿＿＿　　记录编号：＿＿＿＿＿＿＿＿＿　　报告编号：＿＿＿＿＿＿＿＿＿

委托日期：＿＿＿＿年＿＿月＿＿日　　检测日期：＿＿＿＿年＿＿月＿＿日　　报告日期：＿＿＿＿年＿＿月＿＿日

委托单位：＿＿＿＿＿＿＿＿＿＿＿＿　　工程名称：＿＿＿＿＿＿＿＿＿＿＿

单位工程名称：＿＿＿＿＿＿＿＿＿＿＿　　工程部位：＿＿＿＿＿＿＿＿＿＿＿

强度及抗冻等级	C F	试件规格 mm	
检测方法	快冻法	试件成型日期	
配合比编号		检测开始日期	
检测完成日期		状态描述	
见证单位		见证人及证书编号	
取样人及证书编号		送 样 人	

试件编号	检测项目	冻融次数（　　）次	
		标 准 值	测 试 值
	相对动弹性模量 %，≥		
	质量损失率 %，≤		

检测依据	
评定依据	
结　　论	
备　　注	1. 本报告无本单位检测或试验报告专用章无效； 2. 本报告无检测或试验人、审核人、批准人签名无效； 3. 本报告涂改无效； 4. 复制报告未重新盖本单位检测或试验报告专用章无效。

检测单位（章）：　　　　　　批准：　　　　　　审核：　　　　　　检测：

检测单位地址：

联系电话：

混凝土抗水渗透检测报告

委托编号：_____　　记录编号：_____　　报告编号：_____

委托日期：_____年___月___日　　检测日期：_____年___月___日　　报告日期：_____年___月___日

委托单位：_____　　工程名称：_____

单位工程名称：_____　　工程部位：_____

强度等级		抗渗等级	
试件成型方法		龄期 d	
试件养护条件		试件成型日期	
配合比编号		试件检测日期	
检测方法		状态描述	
见证单位		见证人及证书标号	
取样人及证书编号		送样人	
试件编号	质量指标	检测值	
检测依据			
评定依据			
结　　论			
备　　注	1. 本报告无本单位检测或试验报告专用章无效； 2. 本报告无检测或试验人、审核人、批准人签名无效； 3. 本报告涂改无效； 4. 复制报告未重新盖本单位检测或试验报告专用章无效。		

检测单位（章）：　　　　　　批准：　　　　　　审核：　　　　　　检测：

检测单位地址：

联系电话：

砂浆配合比设计报告

委托编号：_____　　　　记录编号：_____　　　　报告编号：_____

委托日期：_____年___月___日　　设计日期：_____年___月___日　　报告日期：_____年___月___日

委托单位：_____　　　　工程名称：_____

单位工程名称：_____　　　工程部位：_____

砂浆种类			强度等级		试配强度 MPa		要求稠度 mm	
水泥品种/等级			生产厂家		出厂日期		报告编号	
砂种类			产地		规格		报告编号	
掺合料名称			生产厂家		类别、等级		报告编号	
掺合料名称			生产厂家		类别、等级		报告编号	
外加剂名称			生产厂家		型号		报告编号	
每立方米材料用量 kg	水	水泥	砂	掺合料 1	掺合料 2	外加剂		
配合比（质量比）								
试验依据								
说明	1. 现场砂浆拌和时，应根据砂实际含水量情况调整砂子用量； 2. 用水量按照施工稠度确定； 3. 水泥、外加剂或掺合料等原材料品种、质量有显著变化时，应重新进行配合比设计。							
备注	1. 本报告无本单位检测报告专用章无效； 2. 本报告无设计人、审核人、批准人签名无效； 3. 本报告涂改无效； 4. 复制报告未重新盖本单位检测报告专用章无效。							

设计单位（章）：　　　　　批准：　　　　　审核：　　　　　设计：

设计单位地址：

联系电话：

电土试表 JCBG-015

砂 浆 性 能 检 测 报 告

委托编号：＿＿＿＿＿＿＿＿＿＿＿＿＿ 记录编号：＿＿＿＿＿＿＿＿＿＿＿＿ 报告编号：＿＿＿＿＿＿＿＿＿＿＿

委托日期：＿＿＿＿＿年＿＿月＿＿日 检测日期：＿＿＿＿年＿＿月＿＿日 报告日期：＿＿＿＿＿年＿＿月＿＿日

委托单位：＿＿＿＿＿＿＿＿＿＿＿＿ 工程名称：＿＿＿＿＿＿＿＿＿＿＿＿＿＿

单位工程名称：＿＿＿＿＿＿＿＿＿ 工程部位：＿＿＿＿＿＿＿＿＿＿＿＿＿＿

见证单位：＿＿＿＿＿＿＿＿＿＿＿ 见证人及证书编号：＿＿＿＿＿＿＿＿＿

取样人及证书编号：＿＿＿＿＿＿＿ 送样人：＿＿＿＿＿＿＿＿＿ 状态描述：＿＿＿＿＿＿＿＿＿

强度等级：M＿＿＿＿＿ 砂浆种类：＿＿＿＿＿＿＿ 要求稠度：＿＿＿＿＿mm 实测稠度：＿＿＿＿mm

水泥厂名、牌号：＿＿＿＿＿＿ 强度等级：＿＿＿＿＿＿ 品种：＿＿＿＿＿＿ 检测报告编号：＿＿＿＿＿＿

砂子产地：＿＿＿＿＿＿ 品种：＿＿＿＿＿＿ 规格：＿＿＿＿＿＿ 检测报告编号：＿＿＿＿＿＿

外加剂厂名：＿＿＿＿＿ 名称型号：＿＿＿＿＿＿ 掺量：＿＿＿＿＿% 检测报告编号：＿＿＿＿＿＿

掺合料产地：＿＿＿＿＿ 名称：＿＿＿＿＿＿ 规格：＿＿＿＿＿ 检测报告编号：＿＿＿＿＿＿

材料名称	水泥	砂	石灰膏	掺合料	外加剂
每立方米砂浆材料用量 kg					
质量比					

检测项目	质 量 指 标		测 试 值
抗冻性能	冻融循环次数 次		
	强度损失率（%）≤		
	质量损失率（%）≤		
保水性能 %	≥		
密度 kg/m³	≥		
检测依据			
评定依据			
结 论			
备 注	1．本报告无本单位检测或试验报告专用章无效； 2．本报告无检测或试验人、审核人、批准人签名无效； 3．本报告涂改无效； 4．复制报告未重新盖本单位检测或试验报告专用章无效。		

检测单位（章）： 批准： 审核： 检测：

检测单位地址：

联系电话：

砂浆抗压强度检测报告

委托编号：_____ 记录编号：_____ 报告编号：_____

委托日期：_____年___月___日 检测日期：_____年___月___日 报告日期：_____年___月___日

委托单位：_____ 工程名称：_____

单位工程名称：_____ 工程部位：_____

强度等级		砂浆种类	
配合比编号		养护条件	
立方体试件边长 mm		状态描述	
见证单位		见证人及证书编号	
取样人及证书编号		送样人	

试件编号	成型日期	检测日期	龄期 d	抗压强度值 MPa	强度代表值 MPa

检测依据	
备　注	1. 本报告无本单位检测或试验报告专用章无效； 2. 本报告无检测或试验人、审核人、批准人签名无效； 3. 本报告涂改无效； 4. 复制报告未重新盖本单位检测或试验报告专用章无效。

检测单位（章）：　　　　　　批准：　　　　　　审核：　　　　　　检测：

检测单位地址：

联系电话：

外加剂性能检测报告

委托编号：_____　　记录编号：_____　　报告编号：_____

委托日期：_____年___月___日　　检测日期：_____年___月___日　　报告日期：_____年___月___日

委托单位：_____　　工程名称：_____

单位工程名称：_____

产品名称、代号			型号		
生产厂家			合格证编号		
代表数量 t			进场日期		
掺量 %			状态描述		
见证单位			见证人及证书编号		
取样人及证书编号			送样人		

受检混凝土性能指标			匀质性指标		
检测项目	指标值	检测值	检测项目	指标值	检测值
减水率 %，≤			含固量 %		
泌水率比 %，≤			密度 g/cm³		
含气量 %，≤			细度 %		
凝结时间之差 min	初凝		pH 值		
	终凝		氯离子含量 %		
抗压强度比 %，≥	1d		硫酸钠含量 %		
	3d				
	7d				
	28d				
收缩率比 %，≤			1h 经时变化量	坍落度 mm		
相对耐久性（200）%，≥				含气量 %		
渗透高度比 %，≤			48h 吸水量比 %，≤		
检测依据					
评定依据					
结　论					
备　注	1. 本报告无本单位检测或试验报告专用章无效； 2. 本报告无检测或试验人、审核人、批准人签名无效； 3. 本报告涂改无效； 4. 复制报告未重新盖本单位检测或试验报告专用章无效。				

检测单位（章）：　　　　　批准：　　　　　审核：　　　　　检测：

检测单位地址：

联系电话：

混凝土膨胀剂性能检测报告

委托编号：＿＿＿＿＿＿＿＿＿　　记录编号：＿＿＿＿＿＿＿＿＿　　报告编号：＿＿＿＿＿＿＿＿＿

委托日期：＿＿＿年＿＿月＿＿日　　检测日期：＿＿＿年＿＿月＿＿日　　报告日期：＿＿＿年＿＿月＿＿日

委托单位：＿＿＿＿＿＿＿＿＿　　工程名称：＿＿＿＿＿＿＿＿＿

单位工程名称：＿＿＿＿＿＿＿＿＿

产品名称、型号			合格证编号		
生产厂家			进场日期		年　月　日
代表数量 t			膨胀剂掺量 %		
状态描述			检测环境		
见证单位			见证人及证书编号		
取样人及证书编号			送样人		

项　目		指标值		检测值
		Ⅰ型	Ⅱ型	
细　度	比表面积 m²/kg，≥			
	1.18 mm 筛余 %，≤			
凝结时间	初凝 min，≥			
	终凝 min，≤			
限制膨胀率 %，≥	水中　7d			
	空气中　21d			
抗压强度 MPa，≥	7 d			
	28d			
检测依据				
评定依据				
结　论				
备　注	1. 本报告无本单位检测或试验报告专用章无效； 2. 本报告无检测或试验人、审核人、批准人签名无效； 3. 本报告涂改无效； 4. 复制报告未重新盖本单位检测或试验报告专用章无效。			

检测单位（章）：　　　　　批准：　　　　　审核：　　　　　检测：

检测单位地址：

联系电话：

电土试表 JCBG-019

混凝土拌和用水性能检测报告

委托编号：_____　　记录编号：_____　　报告编号：_____

委托日期：____年___月___日　检测日期：____年___月___日　报告日期：____年___月___日

委托单位：_____　　工程名称：_____

单位工程名称：_____

水源名称			取样日期	
取样深度 mm			取样地点	
水的外观			状态描述	
见证单位			见证人及证书编号	
取样人及证书编号			送样人	

成分分析	项目		pH 值	不溶物 mg/L	可溶物 mg/L	Cl$^-$ mg/L	SO$_4^{2-}$ mg/L	碱含量 mg/L
	品质指标	预应力混凝土						
		钢筋混凝土						
		素混凝土						
	化验结果							

水泥凝结时间 min	样品名称	待检验水	饮用水	凝结时间差 min	
				品质指标	检测结果
	初凝				
	终凝				

水泥胶砂抗压强度 MPa	样品名称	待检验水	饮用水	抗压强度比 %	
				品质指标	检测结果

检测依据	
评定依据	
结　　论	
备　　注	1. 本报告无本单位检测或试验报告专用章无效； 2. 本报告无检测或试验人、审核人、批准人签名无效； 3. 本报告涂改无效； 4. 复制报告未重新盖本单位检测或试验报告专用章无效。

检测单位（章）：　　　　批准：　　　　审核：　　　　检测：

检测单位地址：

联系电话：

水泥基灌浆材料性能检测报告

委托编号：_____　　记录编号：_____　　报告编号：_____

委托日期：____年__月__日　　检测日期：____年__月__日　　报告日期：____年__月__日

委托单位：_____　　工程名称：_____

单位工程名称：_____

产品型号			出厂日期	
生产厂家			进场日期	
出厂编号			取样日期	
合格证编号		代表数量 t	状态描述	
见证单位			见证人及证书编号	
取样人及证书编号			送样人	

检测项目	技术指标				测试值
	I 类	II 类	III 类	IV 类	
最大集料粒径 mm					
流动度 mm 初始值					
流动度 mm 30min 保留值					
竖向膨胀率 % 3h					
竖向膨胀率 % 24h 与 3h 膨胀值差					
抗压强度 MPa 1d					
抗压强度 MPa 3d					
抗压强度 MPa 28d					
对钢筋有无锈蚀作用					
泌水率 %					
检测依据					
评定依据					
结　论					
备　注	1. 本报告无本单位检测或试验报告专用章无效； 2. 本报告无检测或试验人、审核人、批准人签名无效； 3. 本报告涂改无效； 4. 复制报告未重新盖本单位检测或试验报告专用章无效。				

检测单位（章）：　　　批准：　　　审核：　　　检测：

检测单位地址：

联系电话：

防水卷材性能检测报告

委托编号：_____　　记录编号：_____　　报告编号：_____

委托日期：____年__月__日　　检测日期：____年__月__日　　报告日期：____年__月__日

委托单位：_____　　工程名称：_____

单位工程名称：_____　　工程部位：_____

生产厂家						产品名称		
产品标记						合格证编号		
代表批量	m²		状态描述			进场日期		年 月 日
见证单位						见证人及证书编号		
取样人及证书编号						送样人		

检测项目		质量指标					测试值
		I		II			
		PY	G	PY	G	PYG	
可溶物含量 g/m³，≥	3mm						
	4mm						
	5mm						
	实验现象						
耐热性	℃						
	滑动值 mm，≤						
	实验现象						
低温柔性 ℃							
不透水性 30mim							
拉力	最大峰拉力 N/50mm，≥						
	次高峰拉力 N/50mm，≥						
	实验现象						
延伸率	最大峰时延伸率 %，≥						
	第二峰时延伸率 %，≥						
渗油性	张数 ≤						
检测依据							
评定依据							
结 论							
备 注	1. 本报告无本单位检测试验报告专用章无效； 2. 本报告无检测试验人、审核人、批准人签名无效； 3. 本报告涂改无效； 4. 复制报告未重新盖本单位检测试验报告专用章无效。						

检测单位（章）：　　　　批准：　　　　审核：　　　　检测：

检测单位地址：

联系电话：

防水涂料性能检测报告

委托编号：＿＿＿＿＿＿＿＿＿＿　　　记录编号：＿＿＿＿＿＿＿＿＿＿　　　报告编号：＿＿＿＿＿＿＿＿＿＿

委托日期：＿＿＿年＿＿月＿＿日　　检测日期：＿＿＿年＿＿月＿＿日　　报告日期：＿＿＿年＿＿月＿＿日

委托单位：＿＿＿＿＿＿＿＿＿＿　　　工程名称：＿＿＿＿＿＿＿＿＿＿

单位工程名称：＿＿＿＿＿＿＿＿＿＿　工程部位：＿＿＿＿＿＿＿＿＿＿

生产厂家				产品名称	
品种、类别				合格证编号	
进场日期		代表数量		状态描述	
见证单位				见证人及证书编号	
取样人及证书编号				送样人	
检 测 项 目	质量指标			检测结果	
	Ⅰ类		Ⅱ类		
固体含量 %，≥					
拉伸强度 MPa，≥					
断裂伸长率 %，≥					
撕裂强度 N/mm，≥					
不透水性					
低温弯折性 ℃，≤					
表干时间 h，≤					
实干时间 h，≤					
潮湿基面黏结强度 MPa，≥					
检测依据					
评定依据					
结 论					
备 注	1．本报告无本单位检测或试验报告专用章无效； 2．本报告无检测或试验人、审核人、批准人签名无效； 3．本报告涂改无效； 4．复制报告未重新盖本单位心检测或试验报告专用章无效。				

检测单位（章）：　　　　　批准：　　　　审核：　　　　　检测：

检测单位地址：

联系电话：

111

沥青性能检测报告

委托编号：＿＿＿＿＿＿＿＿＿＿　　记录编号：＿＿＿＿＿＿＿＿＿＿　　报告编号：＿＿＿＿＿＿＿＿＿＿

委托日期：＿＿＿年＿＿月＿＿日　检测日期：＿＿＿年＿＿月＿＿日　报告日期：＿＿＿年＿＿月＿＿日

委托单位：＿＿＿＿＿＿＿＿＿＿　　工程名称：＿＿＿＿＿＿＿＿＿＿

单位工程名称：＿＿＿＿＿＿＿＿＿

生产厂家		品种及标号		
合格证编号		取样日期		
代表数量 t		状态描述		
见证单位		见证人及证书编号		
取样人及证书编号		送样人		

检测项目	质量指标			检测值
	10 号	30 号	40 号	
延度 cm，≥				
针入度（1/10mm）				
软化点（环球法）℃，≥				

检测依据	
评定依据	
结　论	
备　注	1. 本报告无本单位检测或试验报告专用章无效； 2. 本报告无检测或试验人、审核、批准人签名无效； 3. 本报告涂改无效； 4. 复制报告未重新盖本单位检测或试验报告专用章无效。

检测单位（章）：　　　　　　批准：　　　　　　审核：　　　　　　检测：

检测单位地址：

联系电话：

回弹法混凝土抗压强度

检 测 报 告

报告编号：

批准：

审核：

主检：

检测单位（章）：

检测单位地址：

联系电话：

报告日期：　　　年　　月　　日

回弹法混凝土抗压强度检测报告

一、委托信息：

委托编号：＿＿＿＿＿＿＿＿＿　　委托人：＿＿＿＿＿＿＿＿＿＿＿＿＿＿＿

施工单位：＿＿＿＿＿＿＿＿　　建设单位：＿＿＿＿＿＿＿＿＿＿＿＿＿

监理单位：＿＿＿＿＿＿＿＿　　设计单位：＿＿＿＿＿＿＿＿＿＿＿＿＿

工程名称：＿＿＿＿＿＿＿＿　　单位工程名称：＿＿＿＿＿＿＿＿＿＿＿

检测部位：＿＿＿＿＿＿＿＿　　见证人及证书编号：＿＿＿＿＿＿＿＿＿

检测日期：＿＿＿＿＿＿＿＿　　混凝土施工工艺：＿＿＿＿＿＿＿＿＿＿

二、检测原因

三、状态描述

四、检测方案

五、检测环境

六、检测设备及检定证书编号

七、检测依据

八、检测结论

检测成果见下表。

回弹法混凝土抗压强度检测成果表

序号	工程部位	浇筑日期	强度等级	测区个数	平均值 MPa	标准差 MPa	最小值 MPa	构件现龄期混凝土强度推定值 MPa

钻芯法混凝土抗压强度

检 测 报 告

报告编号：

批准：

审核：

主检：

检测单位（章）：

检测单位地址：

联系电话：

报告日期：　　　年　　月　　日

钻芯法混凝土抗压强度检测报告

一、委托信息：

委托编号：＿＿＿＿＿＿＿＿　　委托人：＿＿＿＿＿＿＿＿＿＿＿＿

施工单位：＿＿＿＿＿＿＿＿　　建设单位：＿＿＿＿＿＿＿＿＿＿＿＿

监理单位：＿＿＿＿＿＿＿＿　　设计单位：＿＿＿＿＿＿＿＿＿＿＿＿

工程名称：＿＿＿＿＿＿＿＿　　单位工程名称：＿＿＿＿＿＿＿＿＿＿

检测部位：＿＿＿＿＿＿＿＿　　见证人及证书编号：＿＿＿＿＿＿＿＿

取芯日期：＿＿＿＿＿＿＿＿　　浇筑日期：＿＿＿＿＿＿＿＿＿＿＿＿

二、检测原因

三、原材料

四、检测方案

五、检测设备及检定证书编号

六、检测依据

七、检测结论

详见钻芯法检测混凝土抗压强度检测成果表。

单个构件钻芯法混凝土抗压强度检测成果表

序号	构件名称	取样部位	强度等级	检测日期	龄期	试件状态	试件高度 mm	试件直径 mm	抗压强度 MPa	抗压强度推定值 MPa

钻芯法混凝土抗压强度检测批成果表

序号	构件名称	取样部位	强度等级	检测日期	龄期	试件状态	试件高度 mm	试件直径 mm	抗压强度 MPa	平均值 MPa	标准差 MPa	上限值 MPa	下限值 MPa	检测批强度推定值 MPa

电土试表 JCBG-026

后锚固承载力检测报告

委托编号：_____　　记录编号：_____　　报告编号：_____

委托日期：_____年___月___日　检测日期：_____年___月___日　报告日期：_____年___月___日

委托单位：_____　　工程名称：_____

单位工程名称：_____　工程部位：_____

植筋种类			植筋原材报告编号	
牌号、直径 mm			埋植筋日期	
仪器名称、型号			植筋代表数量 根	
混凝土强度等级	C		植筋胶名称、型号	
见证人及证书编号			状态描述	
见证单位			委 托 人	

试样编号	钻孔直径 mm	钻孔深度 mm	设计（推荐）荷载值 kN	实测荷载值 kN	破坏形式	结构部位

检测依据	
评定依据	
结　　论	
备　　注	1．本报告无本单位检测或试验报告专用章无效； 2．本报告无检测或试验人、审核人、批准人签名无效； 3．本报告涂改无效； 4．复制报告未重新盖本单位检测或试验报告专用章无效。

检测单位（章）：　　　　批准：　　　　审核：　　　　检测：

检测单位地址：

联系电话：

锚 杆 承 载 力

检 测 报 告

报告编号：

批准：

审核：

主检：

检测单位（章）：

检测单位地址：

联系电话：

报告日期：　　　　年　　月　　日

_____工程锚杆承载力检测报告

一、工程概况

工程名称			
工程地点			
建设单位			
勘察单位			
设计单位			
承建单位			
锚杆施工单位			
监理单位			
质量监督站			
结构型式		层数	
建筑面积 m^2		开工日期	
锚杆类型		锚杆孔径 mm	
锚杆设计轴向抗拔力 kN		检测最大荷载 kN	
锚杆总数		检测锚杆数	
检测方法		检测日期	
备注			

检测目的及检测数量

二、检测仪器设备、检测方法

1．检测加载装置

2．检测加载方法和位移观测

3．检测标准

三、锚杆施工情况

根据委托单位提供的设计及施工资料，各检测锚杆单根承载力设计值和有关锚杆参数见表 1。

表 1 检测锚杆的有关参数

试验编号	锚杆编号	锚杆直径 mm	锚杆类型 直径 mm	锚杆入土 长度 m	锚杆锚固段 长度 m	锚杆自由段 长度 m	锚杆抗拔力 设计值 m	备注

四、工程地质概况

五、检测结果

检测结果汇总表见表 2，检测锚杆检测荷载和变形数据见表 2，检测锚杆的 Q—S 曲线见附图。

表 2 检测结果汇总表

检测编号	锚杆编号	锚杆孔径 mm	锚杆要求验收最大 荷载 kN	锚杆最大施加荷载 kN	最大荷载时上拔量 mm

六、检测结论

七、附图表

1．锚杆检测记录表及 Q—S 曲线

2．锚杆分布示意图

电土试表 JCBG-028

结构实体钢筋保护层厚度

检 测 报 告

报告编号：

批准：

审核：

主检：

检测单位（章）：

检测单位地址：

联系电话：

报告日期：   年   月   日

结构实体钢筋保护层厚度检测报告

一、委托信息：

委托编号：　　　　　　　　委托人：

施工单位：　　　　　　　　建设单位：

监理单位：　　　　　　　　设计单位：

工程名称：　　　　　　　　单位工程名称：

工程部位：　　　　　　　　见证人及证书编号：

二、检测目的

三、检测项目

四、检测方案

（检测方案中须包含抽检构件的类别、数量、悬挑构件所占比例、楼层分布、构件配筋图、检测钢筋编号等内容）。

五、检测环境

六、检测设备及检定证书编号

七、检测依据

八、检测结果

_____类构件钢筋保护层厚度检测结果

构件编号	结构部位及名称	钢筋直径 mm	保护层厚度设计值 mm	允许偏差 mm	实测值 mm							
					钢筋编号	1	2	3	4	5	6	7
					测试值							
					测试值							
					测试值							
					测试值							
					测试值							
					测试值							
					测试值							
					测试值							
					测试值							
					测试值							

评定依据	
结　　论	
备　　注	1. 本报告无本单位检测或试验报告专用章无效； 2. 本报告无检测或试验人、审核人、批准人签名无效； 3. 本报告涂改无效； 4. 复制报告未重新盖本单位检测或试验报告专用章无效。

饰面砖黏结强度检测报告

委托编号：＿＿＿＿＿＿＿＿＿＿＿＿ 　记录编号：＿＿＿＿＿＿＿＿＿＿＿＿ 　报告编号：＿＿＿＿＿＿＿＿＿＿＿＿

委托日期：＿＿＿年＿月＿日 　检测日期：＿＿＿年＿月＿日 　报告日期：＿＿＿年＿月＿日

委托单位：＿＿＿＿＿＿＿＿＿＿＿ 　工程名称：＿＿＿＿＿＿＿＿＿＿＿

单位工程名称：＿＿＿＿＿＿＿＿ 　工程部位：＿＿＿＿＿＿＿＿＿＿

饰面砖品种及牌号			仪器设备	
基体材料			黏结剂	
黏结材料			状态描述	
见证单位			检定证书编号	
委 托 人			见证人及证书编号	

组号	抽样部位	龄期 d	试件尺寸 mm	黏结力 kN	黏结强度 MPa 单个值	平均值	破坏状态

检测依据	
评定依据	
结 论	
备 注	1．本报告无本单位检测或试验报告专用章无效； 2．本报告无检测或试验人、审核人、批准人签名无效； 3．本报告涂改无效； 4．复制报告未重新盖本单位检测或试验报告专用章无效。

检测单位（章）： 　批准： 　审核： 　检测：

检测单位地址：

联系电话：

126

电土试表 JCBG-030

混凝土构件结构性能

检 测 报 告

报告编号：

批准：

审核：

主检：

检测单位（章）：

检测单位地址：

联系电话：

报告日期：　　年　　月　　日

混凝土构件结构性能检测报告

一、工程概况及检测目的

二、检测依据

三、主要仪器设备

四、检测方案

4.1 检测内容

4.2 抽样方案

4.3 加载方式

加载简图

4.4 检测荷载计算

4.5 荷载施加方法及步骤

五、检测结果分析及结论

荷载挠度曲线见下图：

_____防滑性能检测报告

委托编号：_____   记录编号：_____   报告编号：_____

委托日期：____年__月__日   检测日期：____年__月__日   报告日期：____年__月__日

委托单位：_____   工程名称：_____

单位工程名称：_____   工程部位：_____

样品名称			生产厂家	
（面层）材料种类			规格 mm	
合格证编号			代表数量 m²	
质量等级			防滑等级	
状态描述			检测地点	
见证单位			见证人及证书编号	
取样人及证书编号			送 样 人	

项目	（干态表面）防滑系数		（湿态表面）防滑系数	
技术要求	单个值	平均值	单个值	平均值
检测值				

检测依据	
评定依据	
结 论	
备 注	1. 本报告无本单位检测或试验报告专用章无效； 2. 本报告无检测或试验人、审核人、批准人签名无效； 3. 本报告涂改无效； 4. 复制报告未重新盖本单位检测或试验报告专用章无效。

检测单位（章）：   批准：   审核：   检测：

检测单位地址：

联系电话：

第二部分 填 写 样 表

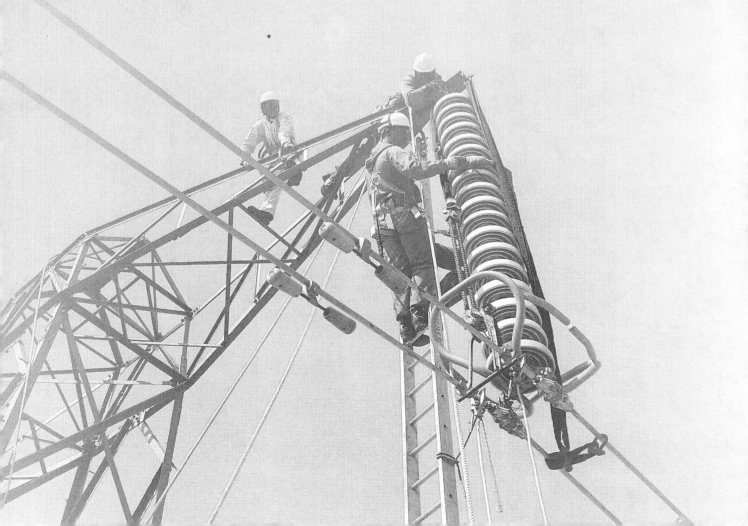

1 土建工程检测委托单

水泥检测委托单

委托编号：WT2013-SN-001

委托单位	河南第二建设集团有限公司	见证单位	河南立新监理咨询有限公司
工程名称	新中益发电有限责任公司	单位工程名称	1号锅炉基础
水泥厂家、牌号	孟电水泥厂　孟电牌	品　种	硅酸盐水泥
强度等级	P·O 42.5	出厂编号	SB13-60617
出厂日期	2013.4.11	进场日期	2013.4.15
代表数量 t	238	取样数量 kg	12
取样地点	现场	样品状态	正常（√）异常（　）
样品编号	（收样员编写）	检测周期	30 天

委托参数

主要检测参数			其他检测参数										
胶砂强度	安定性	凝结时间	胶砂流动度	不溶物	烧失量	三氧化硫	氧化镁	氯离子	密度	细度、（比表面积）	水化热	碱含量
√	√	√							√	√		

依据标准	GB 175—2007《通用硅酸盐水泥》
备　注	1. 按规定留样　　是□　　否□ 2. 按约定留样　　是□　　否☑

见证人：×××　　　　见证人证书编号：JZ2010-027　　　　见证日期：2013 年 4 月 15 日

取样人：×××　　　　取样人证书编号：QY2008-053　　　　送样日期：2013 年 4 月 15 日

送样人：×××　　　　收样人：×××　　　　　　　　　　接收日期：2013 年 4 月 15 日

建设用砂检测委托单

委托编号：WT2013-SZ-001

委托单位	河南第二建设集团有限公司	见证单位	河南立新监理咨询有限公司
工程名称	新中益发电有限责任公司	单位工程名称	1号锅炉基础
产 地	辉县市马庄	进场日期	2013.3.25
种 类	河砂	取样日期	2013.3.26
规 格	中砂	取样地点	现场
代表数量 m³	350	取样数量 kg	20
样品状态	正常（√）异常（ ）	使用于____C40____强度等级的混凝土	
样品编号	（收样员编写）	检测周期	17 天

委 托 参 数

主要检测参数				其他检测参数										
细度模数	含泥量	泥块含量	石粉含量	氯化物	堆积密度	表观密度	贝壳含量	含水率	吸水率	有机物	轻物质	坚固性	碱集料反应	压碎指标
√	√	√	√			√							√	√

依据标准	JGJ 52—2006《普通混凝土用砂、石质量及检验方法标准》
备 注	1. 按规定留样　　　是□　　否□ 2. 按约定留样　　　是☑　　否□　　　碱集料快速测定

见证人：×××　　　　　见证人证书编号：JZ2006-018　　　　见证日期：2013 年 3 月 26 日

取样人：×××　　　　　取样人证书编号：QY2008-112　　　　送样日期：2013 年 3 月 26 日

送样人：×××　　　　　收样人：×××　　　　　　　　　　接收日期：2013 年 3 月 26 日

建设用石检测委托单

委托编号：WT2013-SS-001

委托单位	河南第二建设集团有限公司	见证单位	河南立新监理咨询有限公司
工程名称	新中益发电有限责任公司	单位工程名称	1号锅炉基础
产　地	辉县市马庄	进场日期	2013.3.25
种　类	河卵石	取样日期	2013.3.26
规　格 mm	5～25	取样地点	现场
代表数量 m³	380	取样数量 kg	40
样品状态	正常（√）异常（　）	用于强度等级_____C40_____的混凝土	
样品编号	（收样员编写）	检测周期	7天

委　托　参　数											
主要检测参数						其他检测参数					
颗粒级配	含泥量	泥块含量	针、片状含量	压碎指标	表观密度	堆积密度	含水率	吸水率	坚固性	碱集料反应	有害物质
√	√	√			√				√		

依据标准	JGJ 52—2006《普通混凝土用砂、石质量及检验方法标准》
备　注	1．按规定留样　　　是□　　　否☑ 2．按约定留样　　　是□　　　否□

见证人：×××　　　　　　见证人证书编号：×××××　　　　见证日期：××××年×月××日

取样人：×××　　　　　　取样人证书编号：×××××　　　　送样日期：××××年×月××日

送样人：×××　　　　　　收样人：×××　　　　　　　　　　接收日期：××××年×月××日

电土试表 JCWT-004

粉 煤 灰 检 测 委 托 单

委托编号：WT2013-FM-001

委托单位	河南第二建设集团有限公司	见证单位	河南立新监理咨询有限公司
工程名称	新中益发电有限责任公司	单位工程名称	1号锅炉基础
生产厂家	沁北电厂实业有限公司	粉煤灰类别、等级	F 类　Ⅱ级
出厂批号	F20130523	出厂日期	2013.5.14
进场日期	2013.5.14	代表数量 t	175
取样数量 kg	5	取样日期	2013.5.15
取样地点	现场	样品状态	正常（√）异常（ ）
样品编号	（收样员编写）	检测周期	3 天

委托参数

主要检测参数					其他检测参数	
细 度	需水量比	烧失量	含水量	三氧化硫	游离氧化钙	安定性
√		√	√	√		

依据标准	GB/T 1596—2005《用于水泥和混凝土中的粉煤灰》
备 注	1. 按规定留样　是□　否□ 2. 按约定留样　是□　否☑

见证人：×××　　见证人证书编号：×××××　　见证日期：2013 年 5 月 15 日

取样人：×××　　取样人证书编号：×××××　　送样日期：2013 年 5 月 15 日

送样人：×××　　收样人：×××　　　　　　接收日期：2013 年 5 月 15 日

136

电土试表 JCWT-005

砖（砌块）检测委托单

委托编号：WT2013-QK-001

委托单位	××××××××	见证单位	××××××××
工程名称	××××××××	单位工程名称	××××××××
工程部位	××××××××		
种类	蒸压加气混凝土砌块	规格 mm	600×240×240
生产厂家	河南群发建材有限公司	进场日期	2013.3.17
强度等级	A5.0	进场数量 块	8000
密度等级	B06	取样数量 块	6
合格证编号	20130322118	代表数量 块	8000
取样地点	现场	样品状态	正常（√） 异常（ ）
样品编号	（收样员编写）	检测周期	10天

委托参数

主要检测参数				其他检测参数							
抗压强度	外观质量	尺寸偏差	体积 密度	抗风化性能	抗冻性	吸水率	泛霜	石灰爆裂	放射性		
√			√								

依据标准	GB/T 11968—2006《蒸压加气混凝土砌块》 GB/T 11969—2008《蒸压加气混凝土性能试验方法》
备 注	1. 按规定留样　　是□　　否☑ 2. 按约定留样　　是□　　否□

见证人：×××　　　见证人证书编号：×××××　　　见证日期：2013年5月15日

取样人：×××　　　取样人证书编号：×××××　　　送样日期：2013年5月15日

送样人：×××　　　收样人：×××　　　　　　　接收日期：2013年5月15日

钢筋（材）检测委托单

委托编号：

委托单位	××××××××	见证单位	××××××××
工程名称	××××××××	单位工程名称	××××××××
钢材种类	热轧	牌　号	HRB400
外　形	带肋	规　格 mm	$\phi25$
生产厂家	济源市钢铁厂	供货单位	济源市宏昌贸易公司
炉（批）号	LH5972153	质保书编号	JBS862166
进场日期	2013.5.9	代表数量 t	19.382
取样地点	现场	样品状态	正常（√）异常（　）
样品编号	（收样员编写）	检测周期	1 天

委托参数

主要检测参数						其他检测参数			
抗拉强度	屈服强度	伸长率	最大力总伸长率	弯曲	重量偏差	冲击	硬度	化学分析	
√	√	√	√	√	√				

依据标准	GB1499.2—2007《钢筋混凝土用钢　第二部分：热轧带肋钢筋》
备　注	1. 按规定留样　　　是□　　否☑ 2. 按约定留样　　　是□　　否□ 3. 抗震要求　　　　是☑　　否□

见证人：×××　　　　见证人证书编号：×××××　　　见证日期：2013 年 5 月 15 日

取样人：×××　　　　取样人证书编号：×××××　　　送样日期：2013 年 5 月 15 日

送样人：×××　　　　收样人 ：×××　　　　　　　　接收日期：2013 年 5 月 15 日

钢筋（材）焊接检测委托单

委托编号：WT2013-GH-026

委托单位	河南二建集团有限公司	见证单位	湖南电力建设监理咨询公司
工程名称	郑州±800kV 换流站工程	单位工程名称	1 号备品备件库工程
工程部位		二层柱、梁、板	
检测类型	工艺（　）现场抽检（√）	原材检测报告编号	BG2013-GJ-011
焊工姓名	×××	钢筋牌号	HRB400
焊工合格证号	粤 A043010	公称直径 mm	28
焊接方法	闪光对焊	接头型式	对接
代表接头数量 根	255	样品状态	正常（√）异常（　）
样品编号	（收样员编写）	检测周期	1 天

委托参数					
主要检测参数			其他检测参数		
拉　伸	弯　曲	外观检查			
√	√	√			

依据标准	JGJ 18—2003《钢筋焊接及验收规程》
备　注	1. 按规定留样　　是☑　　否□ 2. 按约定留样　　是□　　否□

见证人：×××　　　　　见证人证书编号：××××××　　　　见证日期：2013 年 4 月 23 日

取样人：×××　　　　　取样人证书编号：××××××　　　　送样日期：2013 年 4 月 23 日

送样人：×××　　　　　收样人 ：×××　　　　　　　　　　接收日期：2013 年 4 月 23 日

钢筋机械连接检测委托单

委托编号：WT2013-GL-006

委托单位	××××××××	见证单位	××××××××
工程名称	××××××××	单位工程名称	××××××××
工程部位	/		
试验类型	工艺（√）现场抽检（ ）	原材检测报告编号	BG2013-GJ-1091
接头型式	直螺纹套筒连接	钢筋牌号	HRB400
连接操作人	×××	上岗证编号	粤 405831
代表接头数量	/	钢筋公称直径 mm	25
接头等级	I 级	样品状态	正常（√） 异常（ ）
样品编号	（收样员编写）	检测周期	2 天

委托参数

主要检测参数		其他检测参数		
连接件抗拉强度	母材抗拉强度	最大力总伸长率	残余变形	反复拉压
√	√	√	√	

依据标准	JGJ 107—2010《钢筋机械连接技术规程》 GB/T 228.1—2010《金属材料 拉伸试验 第一部分 室温试验》
备 注	1. 按规定留样　　是□　　否☑ 2. 按约定留样　　是□　　否□

见证人：×××　　　见证人证书编号：×××××　　　见证日期：2013 年 5 月 25 日

取样人：×××　　　取样人证书编号：×××××　　　送样日期：2013 年 5 月 25 日

送样人：×××　　　收样人：×××　　　　　　　接收日期：2013 年 5 月 25 日

土壤击实试验委托单

委托编号：WT2013-JS-011

委托单位	××××××××	见证单位	××××××××
工程名称	××××××××	单位工程名称	××××××××
样品编号	（收样员编写）	检测周期	3 天
土壤（砂）类别	粉质黏土		

击实类别	重　型	√	
	轻　型		

委托参数				
最大干密度	最优含水率			
√	√			

依据标准	GB 50123—1999《土工试验方法标准》

备　注	1. 按规定留样　　　是□　　否☑ 2. 按约定留样　　　是□　　否□

见证人：×××　　　　　　见证人证书编号：×××××　　　　见证日期：2013 年 3 月 15 日

取样人：×××　　　　　　取样人证书编号：×××××　　　　送样日期：2013 年 3 月 15 日

送样人：×××　　　　　　收样人 ：×××　　　　　　　　　接收日期：2013 年 3 月 15 日

回填土检测委托单

委托编号：WT2013-HT-007

委托单位	河南二建集团有限公司	见证单位	河南立新监理咨询有限公司
工程名称	郑州 800kV 换流站工程	单位工程名称	主控楼
工程部位	室内回填	回填面积/长度 m²/m	976
土壤（砂）类别	三七灰土	回填标高 m	−0.35
辗压机械	蛙式打夯机	设计压实系数	0.95
密度试验方法	环刀	最大干密度 g/cm³	1.67
击实报告编号	BG2013-JS-001	控制干密度 g/cm³	1.59
试样数量 组	20	样品状态	正常（√）异常（ ）
样品编号	（收样员编写）	检测周期	1 天

委托参数

主要检测参数				其他检测参数		
干密度	湿密度	含水率	压实系数	颗粒分析	液、塑限	
√		√	√			

依据标准	GB/T 50123—1999《土工试验方法标准》
备 注	1. 按规定留样　是□　否☑ 2. 按约定留样　是□　否□

见证人：×××　　见证人证书编号：×××××　　见证日期：2013 年 4 月 11 日

取样人：×××　　取样人证书编号：×××××　　送样日期：2013 年 4 月 11 日

送样人：×××　　收样人：×××　　　　　　　接收日期：2013 年 4 月 11 日

混凝土配合比设计委托单

委托编号：WT2013-HP-102

委托单位	××××××××	见证单位	××××××××
工程名称	××××××××	单位工程名称	××××××××
样品编号	（收样员编写）	检测周期	35 天
设计混凝土等级	C30　P8	要求坍落度 mm	160±20

		试验报告编号
水泥生产厂家、牌号：郑州金龙水泥厂　　金龙牌		
水泥品种：普通硅酸盐水泥　　　　强度等级：P·O42.5		BG2013-SN-016
砂子产地：辉县市薄壁镇马庄　　　　品种：河砂　规格：中砂		BG2012-SZ-613
石子产地：辉县市薄壁镇马庄　　　　品种：碎石　规格：5～25mm		BG2012-SS-702
外加剂厂家：郑州市建科建材有限公司　名称及型号：FDN-1000　掺量：1.8%		BG2013-HWJ-11
外加剂厂家：　　　　　　　　　　　名称及型号：　　　掺量：		/
粉煤灰产地：郑州热力发电厂　　　　类别及级别：F 类　　Ⅱ级		BG2013-FM-19
掺合料产地：　　　　　　　　　　　名称及级别：		/
样品状态：正常（√）异常（　）	使用日期	2013.4.15

委托参数

主要检测参数					其他检测参数				
抗压强度	抗折强度	坍落度	含气量	凝结时间	水渗透	抗冻	碱含量	氯化物含量	
√		√	√	√	√				

依据标准	JGJ 55—2011《普通混凝土配合比设计规程》
备　注	1. 按规定留样　　　是□　　否□ 2. 按约定留样　　　是☑　　否□

见证人：×××　　　　　见证人证书编号：×××××　　　见证日期：2013 年 3 月 15 日

取样人：×××　　　　　取样人证书编号：×××××　　　送样日期：2013 年 3 月 15 日

送样人：×××　　　　　收样人：×××　　　　　　　　　接收日期：2013 年 3 月 15 日

混凝土拌和物性能检测委托单

委托编号：WT2013-HBH-022

委托单位	××××××××		见证单位	××××××××
工程名称	××××××××		位工程名称	××××××××
工程部位		××××××××××××		
混凝土设计等级	C30　P8　F		配合比编号	××××
水泥生产厂家、牌号：郑州金龙水泥厂　　金龙牌				试验报告编号
水泥品种：普通硅酸盐水泥		强度等级：P・O42.5		BG2013-SN-016
砂子产地：辉县市薄壁镇马庄		品种：河砂　规格：中砂		BG2012-SZ-613
石子产地：辉县市薄壁镇马庄		品种：碎石　规格：5～25mm		BG2012-SS-702
外加剂厂家：郑州市建科建材有限公司		名称及型号：FDN-1000　掺量：1.8%		BG2013-HWJ-11
外加剂厂家：		名称及型号：　　掺量：		/
粉煤灰产地：郑州热力发电厂		类别及级别：F 类　　Ⅱ级		BG2013-FM-19
掺合料产地：		名称及级别：		/
样品状态	正常（√） 异常（　）	样品编号	（收样员编写）	检测周期	1 天

委托参数

主要检测参数					其他检测参数		
凝结时间	泌水率	含气量	坍落度	坍落扩展度	表观密度	配合比分析	
√	√	√			√	√	

依据标准	GB/T 50080—2002《普通混凝土拌和物性能试验方法标准》
备　注	1. 按规定留样　　　是□　　否☑ 2. 按约定留样　　　是□　　否□

见证人：×××　　　　　见证人证书编号：×××××　　　见证日期：2013 年 5 月 15 日

取样人：×××　　　　　取样人证书编号：×××××　　　送样日期：2013 年 5 月 15 日

送样人：×××　　　　　收样人：×××　　　　　　　　接收日期：2013 年 5 月 15 日

混凝土性能检测委托单

委托编号：WT2013-KD-001

委托单位	××××××××		见证单位	××××××××
工程名称	××××××××		单位工程名称	××××××××
工程部位	××××××××			
样品编号	（收样员编写）		检测周期	20 天
等级	C25 P F100		配合比编号	BG2013-HP-019

试件编号	养护条件	成型日期	龄期 d	℃·d	试件状态	试件尺寸 mm	成型方法
KD-09	标养	2013.2.26	28		完好	100×100×400	机械

委托参数

主要检测参数					其他检测参数						
抗压强度	抗折强度	抗水渗透	抗冻	弹性模量	劈裂强度	握裹力	收缩	碳化	受压徐变	抗压疲劳	钢筋锈蚀
			√	√							

依据标准	GB/T 50082—2009《普通混凝土长期性能和耐久性能试验方法标准》
备 注	1. 按规定留样　　　是□　　否☑ 2. 按约定留样　　　是□　　否□

见证人：×××　　　见证人证书编号：×××××　　　见证日期：2013 年 5 月 15 日

取样人：×××　　　取样人证书编号：×××××　　　送样日期：2013 年 5 月 15 日

送样人：×××　　　收样人：×××　　　　　　　　　接收日期：2013 年 5 月 15 日

砂浆配合比设计委托单

委托编号：

委托单位	河南二建集团有限公司	见证单位	河南立新监理咨询有限公司
工程名称	郑州±800kV 换流站工程	单位工程名称	主控楼及附属工程
工程部位		主体砌筑	
样品编号	（收样员编写）	检测周期	30天

设计砂浆强度等级	M7.5	种类	混合砂浆	稠度 mm	70

	检测报告编号
水泥生产厂家、牌号：郑州金龙水泥厂　金龙牌	BG2013-SN-019
水泥品种：普通硅酸盐水泥　　强度等级：P·C32.5	
砂子产地：辉县市薄壁镇马庄　　品种：河砂　规格：中砂	BG2013-SZ-043
外加剂厂家：郑州市建科建材有限公司　名称及型号：FDN-400　掺量：2.3%	BG2013-HWJ-07
掺合料产地：　　名称及级别：　　规格：	/

样品状态	正常（√）异常（ ）

委托参数

主要检测参数			其他检测参数		
稠度	保水性	强度	抗冻性	抗渗	
√	√	√			

依据标准	JGJ/T 98—2010《砌筑砂浆配合比设计规程》

备注	1. 按规定留样　　是□　否☑ 2. 按约定留样　　是□　否□

见证人：×××　　见证人证书编号：×××××　　见证日期：2013年2月15日

取样人：×××　　取样人证书编号：×××××　　送样日期：2013年2月15日

送样人：×××　　收样人：×××　　　　　　接收日期：2013年2月15日

146

砂浆拌和物性能检测委托单

委托编号：WT2013-SJX-014

委托单位	××××××		见证单位	××××××
工程名称	××××××		单位工程名称	××××××
工程部位	××××××			
检测编号	S05118		检测周期	1 天
砂浆强度等级	M10	种类 混合砂浆	配合比编号	××××

水泥生产厂家、牌号：郑州金龙水泥厂　　金龙牌	检测报告编号
水泥品种：普通硅酸盐水泥　　　　强度等级：P·C32.5	BG2013-SN-019
砂子产地：辉县市薄壁镇马庄　　品种：河砂　　规格：中砂	BG2013-SZ-043
外加剂厂家：郑州市建科建材有限公司　名称及型号：FDN-400　掺量：2.3%	BG2013-HWJ-07
掺合料产地：石灰膏　　　　名称及级别：　　　规格：	

委托参数								
主要检测参数				其他检测参数				
保水性	含气量	凝结时间	砂浆稠度	吸水率	收缩	表观密度		
√	√	√	√			√		

依据标准	JGJ/T 70—2009《建筑砂浆基本性能试验方法》
备　　注	1. 按规定留样　　　是□　　否☑ 2. 按约定留样　　　是□　　否□

见证人：×××　　　　见证人证书编号：×××××　　　　见证日期：2013 年 5 月 10 日

取样人：×××　　　　取样人证书编号：×××××　　　　送样日期：2013 年 5 月 10 日

送样人：×××　　　　收样人：×××　　　　　　　　　　接收日期：2013 年 5 月 10 日

砂浆性能检测委托单

委托编号：WT2013-SKY-012

委托单位	××××××××		见证单位	××××××××	
工程名称	××××××××		单位工程名称	××××××××	
工程部位	××××××××				
样品编号	（收样员编写）		检测周期	1天	
配合比编号	BG2012-SPS-115	强度等级 M10	种类	水泥砂浆	
试件编号	成型日期	实际龄期 d	养护条件	试件状态	成型方法
S-206	2013.4.19	28	标养	完好	人工

<table>
<tr><td colspan="12" align="center">委托参数</td></tr>
<tr><td colspan="6" align="center">主要检测参数</td><td colspan="6" align="center">其他检测参数</td></tr>
<tr><td>抗压强度</td><td>稠度</td><td>表观密度</td><td>分层度</td><td>凝结时间</td><td></td><td>抗冻</td><td>抗渗</td><td>拉伸</td><td>含气量</td><td>静压弹模</td><td>保水性</td><td>收缩</td></tr>
<tr><td>√</td><td></td><td></td><td></td><td></td><td></td><td></td><td></td><td></td><td></td><td></td><td></td><td></td></tr>
<tr><td></td><td></td><td></td><td></td><td></td><td></td><td></td><td></td><td></td><td></td><td></td><td></td><td></td></tr>
<tr><td></td><td></td><td></td><td></td><td></td><td></td><td></td><td></td><td></td><td></td><td></td><td></td><td></td></tr>
</table>

依据标准	JGJ/T 70—2009《建筑砂浆基本性能试验方法》
备　注	1. 按规定留样　　是□　　否☑ 2. 按约定留样　　是□　　否□

见证人：×××　　　　　　见证人证书编号：×××××　　　　见证日期：2013 年 5 月 17 日

取样人：×××　　　　　　取样人证书编号：×××××　　　　送样日期：2013 年 5 月 17 日

送样人：×××　　　　　　收样人：×××　　　　　　　　　接收日期：2013 年 5 月 17 日

外加剂性能检测委托单

委托编号：WT2013-HWJ-017

委托单位	×××××××	见证单位	×××××××
工程名称	×××××××	单位工程名称	×××××××
生产厂家	郑州市宏超建材有限公司	样品状态	正常（√）异常（　）
外加剂名称、代号	高效减水剂　FDN	出厂日期	2013.3.11
型　号	FDN-2000	进场日期	2013.3.13
合格证编号	FJ6051	代表数量 t	45
推荐掺量 %	0.8	取样数量 kg	5
样品编号	（收样员编写）	检测周期	30 天

委托参数								
主要检测参数						其他检测参数			
减水率	泌水 率比	1h 经时 变化量	凝结 时间差	抗压 强度比	含气量	收缩 率比	相对 耐久性	
√	√		√	√	√			
固体 含量	密度	细度	水泥砂浆 工作性	水泥净浆 流动性	钢筋锈蚀	氯离子 含量	pH 值	
		√				√	√	

依据标准	GB 8076—2008《混凝土外加剂》
备　注	1．按规定留样　　是□　　否☑ 2．按约定留样　　是□　　否□ 3．请提供外加剂生产厂家匀质性指标控制值： 细度：30% 氯离子含量：0.03%

见证人：×××　　　　见证人证书编号：×××××　　　见证日期：2013 年 5 月 15 日

取样人：×××　　　　取样人证书编号：×××××　　　送样日期：2013 年 5 月 15 日

送样人：×××　　　　收样人：×××　　　　　　　　　接收日期：2013 年 5 月 15 日

混凝土膨胀剂性能检测委托单

委托编号：WT2013-HPJ-030

委托单位	××××××××	见证单位	××××××××
工程名称	××××××××	单位工程名称	××××××××
产品名称	膨胀剂	型　号	UEA-A
合格证编号	PJ6051	生产厂家	郑州市宏超建材有限公司
出厂日期	2013.4.5	进场日期	2013.4.10
代表数量 t	138	推荐掺量 %	10
取样数量 kg	12	取样地点	现场
样品编号	（收样员编写）	检测周期	30 天
样品状态	正常（√）异常（　）		

委托参数						
主要检测参数				其他检测参数		
抗压强度	细度	凝结时间	限制膨胀率	氧化镁	碱含量	
√	√	√	√			

依据标准	GB 23439—2009《混凝土膨胀剂》
备　注	1. 按规定留样　　是□　　否☑ 2. 按约定留样　　是□　　否□

见证人：×××　　　　见证人证书编号：×××××　　　见证日期：2013 年 4 月 13 日

取样人：×××　　　　取样人证书编号：×××××　　　送样日期：2013 年 4 月 13 日

送样人：×××　　　　收样人：×××　　　　　　　　　接收日期：2013 年 4 月 13 日

混凝土拌和用水性能检测委托单

委托编号：WT2013-BS-007

委托单位	××××××××		见证单位	××××××××
工程名称	××××××××			
水源名称	地表水		检验性质	抽样检验
取样深度 mm	200		取样日期	2013.5.24
水的外观	无色无味		取样地点	拌和站
取样数量 L	10		样品状态	正常（√）异常（　）
样品编号	（收样员编写）		检测周期	30 天
水用途	□ 预应力混凝土	☑ 钢筋混凝土		□ 素混凝土

委托参数								
主要检测参数						其他检测参数		
pH 值	不溶物	可溶物	Cl⁻含量	凝结时间差	胶砂强度比	碱含量	SO₄²⁻含量	
√	√	√	√	√	√		√	

依据标准	JGJ 63—2006《混凝土用水标准》
备　　注	1. 按规定留样　　　是□　　　否☑ 2. 按约定留样　　　是□　　　否□

见证人：×××	见证人证书编号：×××××	见证日期：2013 年 5 月 25 日
取样人：×××	取样人证书编号：×××××	送样日期：2013 年 5 月 25 日
送样人：×××	收样人：×××	接收日期：2013 年 5 月 25 日

水泥基灌浆材料性能检测委托单

委托编号：WT2013-SGL-015

委托单位	××××××××	见证单位	××××××××
工程名称	××××××××	单位工程名称	××××××××
工程部位	新中益发电有限公司	生产厂家	洛阳新型混凝土外加剂厂
样品编号	（收样员编写）	检测周期	30 天
名 称	无收缩高强灌浆料	型 号	MG
牌 号	钻石牌	出厂编号	LZ20716
出厂日期	2013.3.18	合格证编号	H2013-109
进场日期	2013.3.19	取样数量 kg	30
代表数量 t	168	推荐用水量 %	15
取样地点	现场	样品状态	正常（√） 异常（ ）

委托参数

主要检测参数					其他检测参数		
凝 结 时 间	泌水率	流动度	抗压强度	竖向膨 胀率	钢筋锈蚀	粗集料最大粒径	
√	√	√	√	√	√	√	

依据标准	GB/T 50488—2008《水泥基灌浆材料应用技术规范》
备 注	1. 按规定留样　　　是□　　否☑ 2. 按约定留样　　　是□　　否□

见证人：×××　　　　见证人证书编号：×××××　　　见证日期：2013 年 3 月 20 日

取样人：×××　　　　取样人证书编号：×××××　　　送样日期：2013 年 3 月 20 日

送样人：×××　　　　收样人：×××　　　　　　　　接收日期：2013 年 3 月 20 日

防水卷材性能检测委托单

委托编号：WT2013-FJ-101

委托单位	××××××××	见证单位	××××××××
工程名称	××××××××	单位工程名称	××××××××
工程部位			
样品编号	（收样员编写）	检测周期	15 天
产品名称	SBS 防水卷材	生产厂家	郑州平之缘建材有限公司
产品标记	SBS Ⅰ PY M PE 4 10	合格证编号	JH906155
进场日期	2013.1.12	代表批量 m²	8850
取样数量 m²	1	取样地点	现场
样品状态		正常（√）异常（ ）	

委托参数										
主要检测参数					其他检测参数					
耐热性	低温柔性	不透水性	拉力	延伸率	可溶物含量	渗油性	强度		黏附性	
							剥离	钉杆		
√	√	√	√	√	√	√	√		√	

依据标准	GB 18242—2008《弹性体改性沥青防水卷材》
备　　注	1. 按规定留样　　　是☑　　　否□ 2. 按约定留样　　　是□　　　否□

见证人：×××　　　　　见证人证书编号：×××××　　　见证日期：2013 年 1 月 14 日

取样人：×××　　　　　取样人证书编号：×××××　　　送样日期：2013 年 1 月 14 日

送样人：×××　　　　　收样人：×××　　　　　　　　接收日期：2013 年 1 月 14 日

防水涂料性能检测委托单

委托编号：WT2013-FT-117

委托单位	××××××××	见证单位	××××××××
工程名称	××××××××	单位工程名称	××××××××
工程部位	××××××××		
样品编号	（收样员编写）	生产厂家	北京鸿禹乔建材有限公司
产品名称	PU 防水涂料	合格证编号	6086
品种、类别	S　I	代表数量 t	13.5
进场日期	2012.12.20	取样地点	现场
取样数量 kg	5	检测周期	15 天
样品状态	正常（√）异常（　）		

委托参数									
主要检测参数					其他检测参数				
拉伸 强度	断裂 伸长率	撕裂 强度	不透 水性	低温 弯折性	固体 含量	表干 时间	实干 时间	潮湿基面 黏结强度	
√	√	√	√	√	√	√	√	√	

依据标准	GB/T 19250—2003《聚氨酯防水涂料》
备　注	1. 按规定留样　　是☑　　否□ 2. 按约定留样　　是□　　否□

见证人：×××　　　　见证人证书编号：×××××　　　　见证日期：2013 年 5 月 15 日

取样人：×××　　　　取样人证书编号：×××××　　　　送样日期：2013 年 5 月 15 日

送样人：×××　　　　收样人：×××　　　　　　　　　接收日期：2013 年 5 月 15 日

沥青性能检测委托单

委托编号：WT2013-LQ-008

委托单位	××××××××	见证单位	××××××××
工程名称	××××××××	单位工程名称	××××××××
工程部位	××××××××		
产地	黑龙江大庆市安达县	品种及牌号	建筑石油沥青　10 号
合格证编号	A9010312	进场日期	2013.3.16
代表数量 t	3	取样日期	2013.3.17
取样数量 kg	2	取样地点	现场
样品编号	（收样员编写）	检测周期	3 天
样品状态	正常（√）异常（　）		

委托参数							
主要检测参数			其他检测参数				
延 度	针入度	软化点	闪点	溶解度	蒸发性		
√	√	√					

依据标准	GB/T 494—2010《建筑石油沥青》
备　　注	1. 按规定留样　　是□　　否☑ 2. 按约定留样　　是□　　否□

见证人：×××　　　　　见证人证书编号：×××××　　　见证日期：2013 年 3 月 17 日

取样人：×××　　　　　取样人证书编号：×××××　　　送样日期：2013 年 3 月 18 日

送样人：×××　　　　　收样人：×××　　　　　　　　接收日期：2013 年 3 月 18 日

回弹法混凝土抗压强度检测委托单

委托编号：WT2013-HT-001

委托单位	××××××××	见证单位	××××××××
工程名称	××××××××	单位工程名称	××××××××
工程部位		××××××××	
建设单位		××××××××	
设计单位		××××××××	
检测原因		试块过期、天气寒冷验证强度	
任务单编号	DL201305118	检测周期	3 天

结构或构件名称	配合比编号	设计强度等级	成型日期	浇筑方法
××××	BG2012-HP-103	C25	2012.11.30	非泵送
××××	BG2012-HP-103	C25	2012.12.4.	非泵送
××××	BG2012-HP-103	C25	2012.12.20	非泵送
××××	BG2012-HP-103	C25	2012.12.21	非泵送
依据标准	JGJ/T 23—2001《回弹法检测混凝土抗压强度技术规程》			
备 注				

见证人：×××　　见证人证书编号：×××××　　见证日期：2013 年 2 月 5 日

委托人：×××　　委托人证书编号：×××××　　委托日期：2013 年 2 月 5 日

接收人：×××　　　　　　　　　　　　　　　　接收日期：2013 年 2 月 5 日

钻芯法混凝土抗压强度检测委托单

委托编号：WT2013-ZX-012

委托单位	××××××××	见证单位	××××××××
工程名称	××××××××	单位工程名称	××××××××
工程部位	××××××××		
建设单位	××××××××		
设计单位	××××××××		
检测原因	试块丢失（或抗压强度不满足设计要求）	骨料最大粒径 mm	31.5
任务单编号	DL201304612	检测周期	10 天
结构或构件名称	配合比编号	设计强度等级	成型日期	养护条件
3 号基础 D 轴	BG2013-PH-055	C25	2013.3.8	干燥
3 号基础 C 轴	BG2013-PH-055	C25	2013.3.8	干燥
2 号基础 B 轴	BG2013-PH-055	C25	2013.3.10	干燥
2 号基础 C 轴	BG2013-PH-055	C25	2013.3.10	干燥
1 号基础 A 轴	BG2013-PH-055	C25	2013.3.5	潮湿
依据标准	CECS03：2007《钻芯法检测混凝土强度技术规程》			
备 注	1. 按规定留样　　是□　　否☑ 2. 按约定留样　　是□　　否□			

见证人：×××　　　　见证人证书编号：×××××　　　　见证日期：2013 年 4 月 15 日

委托人：×××　　　　委托人证书编号：×××××　　　　委托日期：2013 年 4 月 15 日

接收人：×××　　　　　　　　　　　　　　　　　　　接收日期：2013 年 4 月 15 日

后锚固承载力检测委托单

委托编号：WT2013-MGJ-205

委托单位	××××××××	见证单位	××××××××
工程名称	××××××××	单位工程名称	××××××××
工程部位	××××××××		
植筋胶生产厂家	扬州市龙川锚固材料厂		
供货单位	扬州市龙川锚固材料厂		
植筋胶名称	改性环氧注射式植筋胶	植筋胶型号	360mL
植筋胶质保书编号	NO.L0230	植筋原材报告编号	BG2013-GJ-203
植筋种类	热轧光圆钢筋	牌号	HPB235
植筋直径 mm	8	混凝土强度等级	C30
钻孔深度 mm	90	钻孔直径 mm	10
埋植筋日期	2013.5.5	代表数量 根	560
任务单编号	DL201305113	检测周期	2 天
设计荷载值 kN	10.6		
依据标准	JGJ 145—2004《混凝土结构后锚固技术规程》		
备　注			

见证人：×××	见证人证书编号：×××××	见证日期：2013 年 5 月 10 日
委托人：×××	委托人证书编号：×××××	委托日期：2013 年 5 月 10 日
接收人：×××		接收日期：2013 年 5 月 10 日

电土试表 JCWT-027

锚杆承载力检测委托单

委托编号：WT2013-MG-206

委托单位	××××××××	见证单位	××××××××
工程名称	××××××××	单位工程名称	××××××××
工程部位	××××××××		
锚杆生产厂家	××××××××		
供货单位	××××××××		
锚杆质保书编号		原材复试报告编号	BG2013-GJ-009
锚杆种类	树脂锚固锚杆	牌号、直径 mm	HRB400　ϕ28
混凝土强度等级	C30	锚固长度 m	8
桩号	14-2-5	高程 m	15.088
埋植日期	2013.2.17	代表数量 根	245
设计荷载值 kN	120	检测周期	2 天
依据标准	GB 50086—2001《锚杆喷射混凝土支护技术规范》		
备　注			

见证人：×××　　　见证人证书编号：×××××　　　见证日期：2013 年 3 月 5 日

委托人：×××　　　委托人证书编号：×××××　　　委托日期：2013 年 3 月 5 日

接收人：×××　　　　　　　　　　　　　　　　　接收日期：2013 年 3 月 5 日

159

电土试表 JCWT-028

结构实体钢筋保护层厚度检测委托单

委托编号：WT2013-BH-005

委托单位	河南省第二建设集团有限公司	见证单位	湖南电力建设监理咨询有限责任公司
工程名称	郑州±800kV 换流站工程	单位工程名称	综合楼
建设单位	国家电网公司直流建设分公司	设计单位	河南省电力勘测设计院
检测目的	验证混凝土保护层厚度	检测方法	电磁感应法
任务单编号	DL201303101	检测周期	2 天

构件编号	结构部位	主筋规格及数量 mm	保护层设计值 mm	允许偏差 mm
L-6 梁	7.17m 2～3 轴/C 列	4Φ25	25	＋10、−7
L-2 梁	14.37m 7～8 轴/B 列	5Φ25	25	＋10、−7
L-10 梁	14.37m 5～6 轴/B 列	5Φ25	25	＋10、−7

依据标准	GB 50204—2002（2011 年版）《混凝土结构工程施工及验收规范》
备　注	L-6梁配筋图　　　L-2梁、L-10梁配筋图

见证人：×××　　见证人证书编号：×××××　　见证日期：2013 年 3 月 12 日

委托人：×××　　委托人证书编号：×××××　　委托日期：2013 年 3 月 12 日

接收人：×××　　　　　　　　　　　　　　　　接收日期：2013 年 3 月 12 日

160

饰面砖黏结强度检测委托单

委托编号：WT2013-SZ-104

委托单位	××××××××	见证单位	××××××××
工程名称	××××××××	单位工程名称	××××××××
检测类型	工艺检测（　）现场抽检（√）		
任务单编号	DL201303102	检测周期	2 天
工程部位	面积 m²	饰面砖品种及牌号	饰面砖黏结材料	施工日期	基体类型
主控楼外墙	300	瓷质砖　宝达	水泥砂浆	2013.3.13	加气混凝土砌块
依据标准	**JGJ 110—2008《建筑工程饰面砖黏结强度检验标准》**
备　　注	

见证人：×××　　　　　　见证人证书编号：×××××　　　　　　见证日期：2013 年 5 月 15 日

委托人：×××　　　　　　委托人证书编号：×××××　　　　　　委托日期：2013 年 5 月 15 日

接收人：×××　　　　　　　　　　　　　　　　　　　　　　　　接收日期：2013 年 5 月 15 日

__陶瓷砖__（材料）检测委托单

委托编号：WT2013-YC-101

委托单位	××××××××	见证单位	××××××××
工程名称	××××××××	单位工程名称	××××××××
工程部位	××××××××		

样 品 说 明			
样品编号	（收样员编写）	检测周期	7天
样品名称	瓷质抛光砖	样品状态	正常（ ）异常（ ）
生产厂家	佛山市吉信陶瓷有限公司	产地	广东佛山市鹤山县
试验种类	抽检	规格型号 mm	800×800
代表数量 m²	1600	等级	一等品
合格证编号	P80163	取样数量	20块
到货日期	2013.1.18		
其 他			

委 托 参 数						
主要检验参数				其他检验参数		
抗热震性	破坏强度	断裂模数		吸水率		
√	√	√		√		

依据标准	GB/T 4100—2006《陶瓷砖》
备 注	1. 是否留样 　是□　　否□

见证人：×××　　　　　见证人证书编号：×××××　　　　见证日期：2013 年 1 月 25 日

取样人：×××　　　　　取样人证书编号：×××××　　　　送样日期：2013 年 1 月 25 日

送样人：×××　　　　　收样人：×××　　　　　　　　　接收日期：2013 年 1 月 25 日

混凝土构件静载 （实体）检测委托单

委托编号：WT2013-ST-018

委托单位	××××××××	见证单位	××××××××
工程名称	××××××××	单位工程名称	××××××××
工程部位	××××××××		
施工单位	××××××××		
建设单位	××××××××		
设计单位	××××××××		
生产厂家	禹州市曲梁镇	代表数量件	900
构件名称	预应力空心板	规格型号	YKB3652
混凝土强度	C30	生产日期	2013.2.15
检测地点	现场	检测日期	2013.3.17
检测目的	抽样检验	检测方案	（施工单位编写）
检测地点	现场	检测周期	3 天

委 托 参 数						
主要检验参数				其他检验参数		
承载力	挠度检验	裂缝宽度检验	抗裂检验			
√	√		√			

依据标准	GB 50204—2002（2011 年版）《混凝土结构工程施工质量验收规范》
备 注	

见证人：×××　　　　见证人证书编号：×××××　　　　见证日期：2013 年 3 月 15 日

委托人：×××　　　　委托人证书编号：×××××　　　　委托日期：2013 年 3 月 15 日

接收人：×××　　　　　　　　　　　　　　　　　　　　接收日期：2013 年 3 月 15 日

建筑门窗 （过程）检测委托单

委托编号：WT2013-BC-005

委托单位	××××××××	见证单位	××××××××
工程名称	××××××××	单位工程名称	××××××××
工程部位		××××××××	
建设单位		××××××××	
施工单位		××××××××	
厂名	郑州市海光门窗有限公司	产地	郑州市上街区
试验种类	抽检	型号	50 系列
规格 mm	2100×1500×50	型材商标	海螺牌
门窗品种	PVC 型材	检验数量 樘	3
玻璃品种	浮法玻璃 5mm	镶嵌材料	密封胶
合格证编号	C05091	设计荷载 Pa	4500
样品编号	（收样员编号）	检测周期	7 天

委 托 参 数					
主要检验参数			其他检验参数		
抗风压性能	气密性能	水密性能			
√	√	√			

依据标准	GB/T 7106—2008《建筑外门窗气密、水密、抗风压性能分级及检验方法》 GB 50210—2001《建筑装饰装修工程质量验收规范》
备 注	1. 按规定留样 是☑ 否 □

见见证人：×××　　　　见证人证书编号：×××××　　　　见证日期：2013 年 5 月 19 日

取样人：×××　　　　取样人证书编号：×××××　　　　送样日期：2013 年 5 月 19 日

送样人：×××　　　　收样人：×××　　　　　　　　　接收日期：2013 年 5 月 19 日

2 土建工程检测记录

水 泥 检 测 记 录（1）

记录编号：__JL2013-SN-001__   样品编号：__DLC1305011__   状态描述：__样品无影响试验结果的缺陷__

委托日期：__2013__ 年 __05__ 月 __01__ 日   检测日期：__2013__ 年 __05__ 月 __02__ 日

主要检测设备：__全自动比表面积仪、维卡仪、恒温恒湿箱、天平__   检测环境：__20℃__

序号	水泥凝结时间 初凝测试时间	试针距底板距离 mm	终凝测试时间	有无环形痕迹	密度 测量项			检测内容	比表面积 自动		手动		胶砂流动度
						1	2	标准粉密度 g/cm³	3.11		3.11		水泥:砂=1:3 加水量 225mL
								标准粉比表面积 cm²/g	365		365		
1	10:20	0	12:30	☑有 □无	初始读数 mL	0.2	0.4	仪器 K 值	2.2580		2.2580		
2	11:17	0	12:47	☑有 □无	温度 ℃	20		测试项	1	2	1	2	测量次数 / 测量值 mm
3	11:35	0	13:05	☑有 □无	水泥质量 g	60.00	60.00	试料层体积 cm³	1.9378	1.9378	1.9378	1.9378	1 / 208
4	12:00	0	13:20	☑有 □无	二次读数 mL	19.6	19.8	试样质量 g	2.814	2.819	2.811	2.812	
5	12:08	0	13:31	☑有 □无	温度 ℃	20		时间 s	76.1	77.3	71.2	73.0	2 / 210
6	12:12	1	13:40	☑有 □无	水泥体积 cm³	19.4	19.6	温度 ℃	22.1	22.3	24.9	24.1	
7	12:17	1	13:50	☑有 □无	水泥密度 g/cm³	3.09	3.09	比表面积 cm²/g	385	385	380	382	结果 mm / 209
8	12:21	2	13:55	□有 ☑无	结果 g/cm³	3.09		结果 cm²/g	385		381		
9	12:26	2	13:55	□有 ☑无	检测依据	GB/T 1346—2011《水泥标准稠度用水量、凝结时间、安定性检验方法》 GB/T 8074—2008《水泥比表面积测定方法 勃氏法》							
10	12:30	3	13:55	□有 ☑无									
11	12:30	3		□有 □无	评定依据	GB 175—2007《通用硅酸盐水泥》							
12				□有 □无	结论	所检项目结果符合 GB 175—2007 标准规定的 42.5 级别技术要求							
13				□有 □无	备注								

复核：   检测：

水 泥 检 测 记 录（2）

记录编号：__JL2013-SN-001__　　　样品编号：__DLC1305011__　　　状态描述：__样品无影响试验结果的缺陷__

委托日期：__2013__ 年 __05__ 月 __01__ 日　　　检测日期：__2013__ 年 __05__ 月 __02__ 日

主要检测设备：__净浆搅拌机、胶砂搅拌机、电动抗折试验机、胶砂振实台__　　试验环境：__20℃__

龄期	3d		28d		强度等级		42.5		品种		P.O
破型日期	5月5日9时		5月30日8时		标准稠度		标准法	细度 45μm，负压筛析法（试验筛修正系数：1.05）			
抗折强度 MPa	1	6.0		7.9	加水量 mL		138	试样质量 g		25.00	25.03
	2	5.3		8.2	试杆距底板距离 mm		6	筛余物质量 g		1.03	0.96
	3	5.9		8.4	标准稠度用水量 %		27.6	试样筛余百分数 %		4.1	3.8
	结果	5.7		8.2	安定性（雷氏法）			细度结果 %		4.0	
抗压荷载强度		kN	MPa	kN	MPa	次数	1	2		无裂缝、无弯曲	
	1	47.49	29.7	79.23	49.5	A mm	7.5	7.8	安定性（试饼法）	无裂缝、无弯曲	
	2	48.66	30.4	81.20	50.8	C mm	8.3	9.6	凝结时间		
	3	45.75	28.6	75.64	47.3	C–A mm	0.8	1.8	加水时间	9h:50min	
	4	47.74	29.8	76.41	47.8	平均 mm	1.3		到初凝时间	12h:30min	初凝 160min
	5	42.98	26.9	75.38	47.1				到终凝时间	13h:55min	终凝 245min
	6	48.38	30.2	76.92	48.1						
结果 MPa		29.3		48.4		检测依据	GB/T 1346—2011《水泥标准稠度用水量、凝结时间、安定性检验方法》 GB/T 17671—1999《水泥胶砂强度检验方法》				
评定依据	GB 175—2007《通用硅酸盐水泥》										
结　论	所检结果符合 GB 175—2007 标准规定的 42.5 级别技术要求				备　注						

复核：　　　　　　　　　　　　　　　　　　　　　　　　　　　　检测：

建设用砂检测记录

记录编号：<u>JL2013-SZ-001</u>　　　样品编号：<u>DLES1305011</u>　　　状态描述：<u>样品无杂质、无影响试验结果的缺陷、完好</u>

委托日期：<u>2013</u>年<u>05</u>月<u>01</u>日　检测日期：<u>2013</u>年<u>05</u>月<u>02</u>日

主要检测设备：<u>烘箱、天平、摇筛机、方孔筛、亚甲蓝检测仪</u>　　　　　　检测环境：<u>19℃</u>

筛分析试样重：500g							表观密度：2700kg/m³			云母含量：1.0%	
孔径 mm	筛余量 g		分计筛余 %		累计筛余 %		累计筛余平均值 %	烘干后试样质量 g	300	300	试样干质量 g	20.0
	1	2	1	2	1	2		试样、水、器皿质量	846	846	云母质量 g	0.2
9.50	0	0	0	0	0	0	0	水、器皿质量	657	657	氯离子含量：0.000%	
4.75	30	34	6.0	6.8	6.0	6.8	6	修正系数	0.004	0.004	滴定消耗溶液体积 mL	3.30
2.36	61	62	12.2	12.4	18.2	19.2	19	表观密度 kg/m³	2700	2700	空白消耗溶液体积 mL	2.65
1.18	87	85	16.6	17.0	34.8	36.2	36	松散堆积 密度：1530kg/m³			试样质量 g	500
0.60	104	102	20.8	20.4	55.6	56.6	56	容量筒质量 g	983	983	亚甲蓝试验 MB=0.50g/kg	
0.30	118	114	23.6	22.8	79.2	79.4	79	砂、容量筒质量 g	2510	2517	试样质量 g	200
0.15	70	68	14.0	13.6	93.2	93.0	93	容量筒体积 L	1	1	亚甲蓝总量 mL	10
底	30	35	6.8	7.0	100.0	100.0	100	堆积密度 kg/m³	1530	1530	轻物质含量 %	

M_{X1}=2.67	M_{X2}=2.69	M_{X3}=2.7		级配区属：2 区	坚固性	前质量 g	后质量 g	分损失率 %	损失率 %	颗粒质量 g	总质量 g	烧杯质量 g
含泥（石粉）量：5.4%		吸水率：4.3%			300μm	100	97	3.0				
洗前干质量 g	400	400	烧杯质量	94	96	600μm	100	95	5.0		200	189	188
洗后干质量 g	379	378	烘干后总质量 g	573	576	1.18mm	100	94	6.0	4.6	200	190	189
含泥（石粉）量 %	5.2	5.5	吸水率 %	4.4	4.2	2.36mm	100	95	5.0		平均值	0.5 %	

续表

含泥量：0.5%		含水率：3.5%			方孔筛孔径	试样质量 g			试验后质量 g			单级压碎指标 %			平均压碎指标 %	压碎指标 %
洗前干质量 g	200 200	容器质量 g	129	137	2.50mm	300	300	300	220	228	229	26.7	24.0	23.7	24.8	
洗后干质量 g	199 199	烘前总质量 g	629	637	1.25mm	300	300	300	225	211	220	25.0	29.7	26.7	27.1	17.5
泥块含量 %	0.5 0.5	烘后总质量 g	612	620	0.63mm	300	300	300	240	256	249	20.0	14.7	17.0	17.2	
		含水率 %	3.5	3.5	0.315mm	300	300	300	276	283	280	7.0	5.7	6.7	6.5	

检测依据	JGJ 52—2006《普通混凝土用砂、石质量及检验方法标准》	评定依据	JGJ 52—2006《普通混凝土用砂、石质量及检验方法标准》
结　论	所检项目符合 JGJ 52—2006 规定中的中砂技术要求	备　注	

复核：

检测：

建设用石检测记录

记录编号：<u>JL2013-SS-001</u>　　样品编号：<u>DL13E-5-1</u>　　状态描述：<u>样品无影响检测结果的缺陷</u>

委托日期：<u>2013</u> 年 <u>05</u> 月 <u>01</u> 日　　试验日期：<u>2013</u> 年 <u>05</u> 月 <u>02</u> 日

主要检测设备：<u>烘箱、天平、摇筛机、方孔筛、亚甲蓝检测仪</u>　　检测环境：<u>20℃</u>

筛分析试样重：4005g				含泥量：0.8%			表观密度：2670kg/m³		硫化物、硫酸盐含量：0.78%		有机物含量	
筛孔直径 mm	筛余量 g	分计筛余 %	累计筛余 %	洗前干质量 g	6009	6008	烘干后试样质量 g	2009	2006	坩埚质量 g	31.2432	28.4290	标准颜色	/
				洗后干质量 g	5958	5962	试样、水器皿质量 g	4191	4191	试样＋坩埚质量 g	32.2437	29.4300	溶液颜色	浅
90.0				含泥量 %	0.8	0.8	水、器皿、质量 g	5449	5446	沉淀物＋坩埚质量 g	31.2671	28.4503	加热颜色	/
75.0				泥块含量：0.1%			（19℃）水温修正系数	0.004	0.004	硫化物，硫酸盐含量 %	0.82	0.73	结果	合格
63.0				4.75mm筛余量 g	6005	6007	表观密度 kg/m³	2670	2670	坚固性	前质量 g	后质量 g	分损失率 %	损失率 %
53.0				洗后干质量 g	6000	6000	松散堆积密度：1480kg/m³			5～10mm	500	482	5.6	
37.5				泥块含量 %	0.1	0.1	容量筒质量 kg	1.69	1.69	10～20mm	1000	917	8.3	
31.5				含水率：2.1%			容量筒试样质量 kg	16.50	16.50	20～40mm	/	/	/	8.1
26.5	0	0	0	烘干前质量 g	4291	4299	容量筒容积 L	10	10	40～63.5mm	/	/	/	
19.0	517	12.9	13	烘干后质量 g	4206	4217	堆积密度 kg/m³	1480	1480	（堆积）密度 kg/m³	表观密度 kg/m³	空隙率 %	平均值 %	
16.0				容器重 g	286	293	压碎指标值 %	8.2		1480	2670	45	45	
9.50	3202	79.9	93	含水率 %	2.2	2.1	试样质量 g	1	2	3	1480	2670	45	
4.75	280	7.0	100	吸水率：1.37%				3008	3006	3015	检测依据	JGJ 52—2006《普通混凝土用砂、石质量及检验方法标准》		
2.36				烘干前质量 g	4012	4007	试验后质量 g	2844	2739	2710	评定依据	JGJ 52—2006《普通混凝土用砂、石质量及检验方法标准》		
底	9	0.2	100	烘干后质量 g	4069	4060	压碎指标值 %	5.5	8.9	10.1				
颗粒级配	公称粒级 mm			浅盘质量	110	108	针、片状颗粒含量：1.0%				结 论	所检项目符合 JGJ 52—006 规定的技术要求，颗粒级配：单粒级 10～20mm		
连续粒级				吸水率 %	1.42	1.32	针、片状颗粒含量	22						
单粒粒级	10～20						试样总质量 g	2009			备 注			

复核：　　　　　　　　　　　　　　　　　　　　　　　　　　　　　　　检测：

粉 煤 灰 检 测 记 录

记录编号： JL2013-FM-001　　　　样品编号： DL1305011　　　　状态描述： 正常

委托日期： 2013 年 05 月 01 日　　　检测日期： 2013 年 05 月 02 日

主要检测设备： 负压筛、天平、箱式电阻炉　　　　　　　　检测环境： 19℃

等级、种类	Ⅱ级、F类粉煤灰－低钙灰						进场日期		2013.5.1				

细度试验（试验筛的修正系数 1.05）

称量 g	筛余物（0.045mm）（g）	细度（%）	安定性（雷氏法）			序号	比对胶砂		试验胶砂	
							kN	MPa	kN	MPa
10.25	1.63	16.7	次数	1	2	1	23.25	14.5	22.35	14.0
10.25	1.63	16.7 / 16.7	A mm	7.5	7.9	2	21.26	13.3	21.62	13.5

需水量比（流动度 130～140mm）

序号	试验样品需水量 mL	对比样品需水量（mL）	需水量比（%）				序号	kN	MPa	kN	MPa
				C mm	8.6	8.3	3	24.62	15.4	20.15	12.6
				C－A mm	1.1	0.4	破型日期 5.3 3d　　4	24.62	13.2	23.24	14.5
				平均 mm	0.8		5	21.13	12.7	20.69	12.9
1	126	125	101	SO₃ %	2.733		6	22.51	14.1	21.22	13.3
2	126	125	101	试料质量 0.5007g	灼烧前质量 0.5007g		平均 MPa	13.6		13.5	
3	126	125	101	换算系数 0.343	灼烧后质量 0.0399g						

说明：安定性 SO₃ % 2.733

烧失量试验

项目	试验	对比		项目				序号	kN	MPa	kN	MPa
容器质量 g	12.3554	11.7865		容器质量 g	15.13	15.13	强度比	99.3%				
烧前总质量 g	13.4013	12.8906		烘前总质量 g	65.79	65.79		1	53.70	33.6	53.31	33.3
烧后总质量 g	13.3594	12.8445	含水量 %	烘后总质量 g	65.51	65.51		2	53.43	33.4	53.16	33.2
烧失量 %	4.01	4.18		含水量 %	0.6	0.6	破型日期 5.3 28d	3	52.42	32.8	54.33	34.0
烧失量：4.10%				含水量：0.6%				4	54.79	34.2	54.60	34.1

检测依据	GB/T 1596—2005《用于水泥和混凝土中的粉煤灰》 GB/T 176—2008《水泥化学分析方法》		5	52.16	32.6	53.90	33.7
评定依据	GB/T 1596—2005《用于水泥和混凝土中的粉煤灰》		6	54.30	33.9	51.34	32.1
结论	所检项目结果符合 F 类Ⅱ级粉煤灰标准要求		平均 MPa	33.4		33.4	
备注			强度比	100%			

复核：　　　　　　　　　　　　　　　　　　　　　　　检测：

粉煤灰 砖检测记录

记录编号: JL2013-ZZ-001　　　　样品编号: DLZ1305011　　　　产品标记: MU10

状态描述: 样品无影响试验结果的缺陷　　委托日期: 2013 年 05 月 01 日　　检测日期: 2013 年 05 月 02 日

主要检测设备: 万能试验机、直尺、压力机　　　　　　　　　　　　检测环境: 19℃

组号/序号	抗折强度试验 试样尺寸mm 宽度	高度	跨距mm	破坏荷载kN	抗折强度MPa	抗压强度试验 试样尺寸mm 长	宽	面积mm²	破坏荷载kN	抗压强度MPa	密度试验 试样尺寸mm 长度	宽度	高度	试件干质量kg	单块体积密度kg/m³
1	114/114/115	52/52	52 / 200	3.85	3.75	109/109/109	114/115	12426	198.2	15.95	239/240/240	114/114/115	52/52	1.50	1054
2	114/114/115	53/52	52 / 200	3.81	3.71	110/111/112	114/115	12654	184.2	14.56	239/239/239	114/114/115	53/52	1.52	1073
3	115/115/115	54/52	53 / 200	4.20	3.90	110/109/108	115/115/115	12535	181.1	14.45	241/241/241	115/115/115	54/52	1.53	1042
4	113/114/114	52/53	52 / 200	3.81	3.71	110/110/110	113/114	12540	135.2	10.78	240/240/239	113/114/114	52/53	1.47	1033
5	114/114/115	53/53	53 / 200	3.05	2.86	104/104/105	114/115	11856	121.5	10.25	241/240/240	114/114/115	53/53	1.51	1041
6	114/114/115	52/53	52 / 200	3.03	2.95	110/111/112	114/115	12654	125.3	9.90	239/240/240	114/114/115	52/53	1.50	1054
7	113/114/115	53/53	53 / 200	3.01	2.82	110/110/110	113/114	12540	130.5	10.41	241/241/241	113/114/115	53/53	1.48	1016
8	115/115/115	52/54	53 / 200	3.25	3.02	108/109/110	115/115	12535	131.5	10.49	240/240/239	115/115/115	52/54	1.49	1019
9	115/115/115	52/54	53 / 200	3.82	3.55	110/110/110	115/115	12650	134.8	10.66	239/239/239	115/115/115	52/54	1.55	1064
10	115/114/114	5333/53	53 / 200	3.94	2.69	111/112/112	112/114	12768	121.9	9.55	240/240/240	115/114/114	5333/53	1.53	1055

平均值 MPa	3.40	最小值 MPa	2.82	平均值 MPa	11.7	标准偏差 MPa	2.33	体积密度 kg/m³	1045
检测依据	GB/T 2542—2003《砌墙砖试验方法》			最小值 MPa	9.6	变异系数	0.20	评定依据	JC 239—2001《粉煤灰砖》
备 注				标准值 MPa	7.5			结 论	所检项目结果符合标准要求

复核:　　　　　　　　　　　　　　　　　　　　　　　　　　　　　检测:

蒸压加气混凝土 砌块检测记录

记录编号：<u>JL2013-QK-001</u>　　样品编号：<u>DLZ1305011</u>　状态描述：<u>无破损、表面平整、对称面平行、无缺陷</u>

委托日期：<u>2013</u> 年 <u>05</u> 月 <u>01</u> 日　记录日期：<u>2013</u> 年 <u>05</u> 月 <u>02</u> 日

主要检测设备：<u>干燥鼓风箱、天平、直尺、压力试验机</u>　　　　检验环境：<u>19℃</u>

组号/序号		干密度					抗压强度试验						
		试件尺寸 长×宽×高 mm	烘干前质量 g	烘干后质量 g	干体积密度 kg/m³	平均值 kg/m³	试件尺寸 长×宽 mm	破坏荷载 kN	抗压强度 MPa	平均值 MPa	烘干前质量 g	烘干后质量 g	抗压时含水率 %
1	①	100×101×101	619	607	595	609	100×101	36.1	3.57	3.7	103	94	9.6
	②	99×99×100	629	613	625		99×99	35.8	3.65		106	96	10.4
	③	100×100×100	620	608	608		100×100	38.4	3.84		104	95	9.5
2	①	99×99×99	624	609	628	613	99×99	35.1	3.58	3.6	105	96	9.4
	②	101×100×100	620	606	600		101×100	37.0	3.66		108	99	9.1
	③	99×100×99	612	599	611		99×100	35.6	3.60		100	91	9.9
3	①	100×99×98	620	604	623	617	100×99	34.7	3.51	3.6	107	98	9.2
	②	100×100×100	617	600	600		100×100	35.9	3.59		109	98	11.2
	③	99×99×99	619	603	628		99×99	36.2	3.69		106	95	11.6
干密度平均值 kg/m³		613					抗压强度平均值 MPa		3.6		抗压强度最小值 MPa		3.6

检测依据	GB/T 11969—2008《蒸压加气混凝土性能试验方法》
评定依据	GB/T 11968—2008《蒸压加气混凝土砌块》
结　论	所检项目结果符合 GB/T 11968—2006 规定的技术要求
备　注	

复核：　　　　　　　　　　　　　　　　　　　　　　　　　　　　　　检测：

钢筋（材）检测记录

记录编号：___J2013-GJL-001___　　样品编号：___DLG1305011、DLG1305012___　　状态描述：___样品无影响试验结果的缺陷___

委托日期：__2013_ 年 _05_ 月 _01_ 日　检验日期：__2013_ 年 _05_ 月 _01_ 日

主要检测设备：___天平、游标卡尺、直尺、万能试验机___　　　　检测环境：___19℃___

序号	牌 号	规格直径 mm	公称面积 mm^2	屈服力 F_m kN	屈服强度 R_{eL} MPa	最大力 F_m kN	抗拉强度 R_m MPa	强屈比 R^O_m/R^O_{eL}	屈标比 R^O_{eL}/R_{eL}	试验前标距长度 mm	试验后标距长度 mm	伸长率 A %	试验前同标记间距离 L_O mm	断裂后距离 L_u mm	最大力总伸长率 A_{gt} %	弯曲 d=4 α α=180°
1	HRB400	20	314.2	132.0	420	182.0	580	1.38	1.05	100	126.00	26	100	115.00	15.3	合格
				133.1	425	183.0	580	1.36	1.06		125.50	26		116.00	16.3	合格
2	HRB400	22	380.1	178.2	470	247.8	650	1.38	1.18	110	140.00	27	100	114.00	14.3	合格
				178.9	470	247.8	650	1.38	1.18		141.00	28		109.25	9.6	合格

质量偏差	单根试样长度 mm					总试样长度 mm	总试样质量 g	理论质量 g	质量偏差 %
1	500	500	500	500	500	2500	6231	6175	1
2	540	547	545	540	540	2712	7772	8081	−4

检测依据	GB/T 228.1—2010《金属材料 拉伸试验第 1 部分：室温试验方法》 GB/T 232—2010《金属材料弯曲试验方法》
评定依据	GB 1499.2—2007《钢筋混凝土用钢第 2 部分：热轧带肋钢筋》
结　论	该批钢筋所检项目结果符合标准要求
备　注	

复核：　　　　　　　　　　　　　　　　　　　　　　　　　　　　　检测：

钢筋（材）焊接检测记录

记录编号：<u>JL2013-HJ-001</u>　　　样品编号：<u>DLGH1305011、2、3</u>　　　状态描述：<u>样品无影响试验结果的缺陷</u>

委托日期：<u>2013</u> 年 <u>05</u> 月 <u>01</u> 日　　检测日期：<u>2013</u> 年 <u>05</u> 月 <u>01</u> 日

主要检测设备：<u>万能试验机</u>　　　　　　　　　　　　　　　　　　　检测环境：<u>19℃</u>

序号	焊接方法	接头型式	牌号	规格直径 mm	公称面积 mm²	拉伸				弯曲 d=5α α=90°
						最大力 kN	抗拉强度 MPa	断裂特征	断口距焊缝长度 mm	
1	电渣压力焊	对接	HRB400	16	201.1	121.2	605	母材延性断裂	65	
						120.3	600	母材延性断裂	80	
						121.0	600	母材延性断裂	120	
2	闪光对焊	对接	HRB400	18	254.5	151.2	595	母材延性断裂	90	未破裂
						160.8	630	母材延性断裂	50	未破裂
						159.0	625	母材延性断裂	49	未破裂

检测依据	JGJ/T 27—2001《钢筋焊接接头试验方法标准》
评定依据	JGJ 18—2012《钢筋焊接及验收规程》
结　论	所检项目结果符合规程要求
备　注	

复核：　　　　　　　　　　　　　　　　　　　　　　　　　检测：

钢筋机械连接检测记录

记录编号：__JL2013-GL-001__ 样品编号：__DLGH1305011、2__ 状态描述：__样品无影响检测结果的缺陷__

委托日期：__2013__ 年 __05__ 月 __01__ 日 检测日期：__2013__ 年 __05__ 月 __01__ 日

主要检测设备：__万能试验机__ 检测环境：__19℃，55%__

序号	连接方法	接头等级	牌号	规格直径 mm	公称面积 mm²	残余变形 mm							抗拉强度			
						$0.6f_{yK}$ kN	测量标距1	测量标距2	卸载后标距1	卸载后标距2	残余变形	平均值	最大拉力 kN	抗拉强度 MPa	破坏形态	断口距套筒长度 mm
1	直螺纹	1级	HRB400	20	314.2	75.4	140	140	140.00	140.00	0.00	0.0	182.0	580	母材延性断裂	120
						75.4	145	145	145.00	145.00	0.00		183.5	585	母材延性断	90
						75.4	140	140	140.00	140.00	0.000		182.5	580	母材延性断	115
2	直螺纹	1级	HRB400	22	380.1	/	/	/	/	/	/	/	248.2	655	母材延性断	65
						/	/	/	/	/	/		248.0	650	母材延性断	88
						/	/	/	/	/	/		247.9	650	母材延性断	150

检测依据	GB/T 228.1—2010《金属材料室温拉伸试验方法》 JG 163—2004《滚轧直螺纹钢筋连接接头》
评定依据	JGJ 107—2010《钢筋机械连接技术规程》
结　　论	所检项目结果符合规程要求
备　　注	

复核：　　　　　　　　　　　　　　　　　　　　　　　　　　　　　　　　　　检测：

土 壤 击 实 试 验 记 录

记录编号：__JL2013-JS-001__　　样品编号：__DLT1305011__　　状态描述：__样品无影响试验结果的缺陷__

土壤类别：__粉质黏土__　　委托日期：__2013__ 年 __05__ 月 __01__ 日　　试验日期：__2013__ 年 __05__ 月 __02__ 日

主要检测设备：__多功能电动击实仪（重型）__　　试验环境：__19℃__

土样编号	筒质量 g	筒体积 cm³	筒＋土质量 g	净土质量 g	湿密度 g/cm³	含水率试验				干密度 g/cm³	最优含水率 %	最大干密度 g/cm³
						湿土质量 g	干土质量 g	含水率 %	平均含水率 %			
1			8435	3941	1.81	50.23	45.52	10.3	10.7	1.64		
						50.14	45.15	11.1				
2			8659	4165	1.91	50.21	44.52	12.8	12.8	1.69		
						50.02	44.35	12.8				
3			8806	4312	1.98	50.32	43.99	14.4	14.3	1.73		
						50.05	43.82	14.2				
4	4494	2177	8781	4287	1.97	50.14	43.08	16.4	16.2	1.70	14.3	1.73
						50.24	43.31	16.0				
5			8695	4201	1.93	50.14	42.25	18.7	18.7	1.63		
						50.02	42.15	18.7				
6												
7												

检测依据	GB/T 50123—1999《土工试验方法标准》
备　注	

复核：　　　　　　　　　　　　　　　　　　　　　　　　　　　　　　　试验：

回填土检测记录（环刀法）

记录编号：___JL2013-HT-001___ 样品编号：___DL1305041___ 状态描述：___样品无影响试验结果的缺陷___

委托日期：__2013_年_05_月_04_日 检测日期：__2013_年_05_月_05_日

主要检测设备：___干燥箱、天平___ 检测环境：___21℃___

回填土类别	粉质黏土		最大干密度 g/cm³		1.70	
回填面积/长度 m²/m	600		回填标高 m		−2.10	
辗压机械	蛙式打夯机		环刀容积 cm³		200	
设计压实系数 %	95					

试样编号	湿土质量 g	湿密度 g/cm³	湿土质量 g	干土质量 g	含水率 %	平均含水率 %	干密度 g/cm³	压实系数 %
1-1	382	1.91	50.04	43.48	15.1	15.1	1.66	
			50.04	43.48	15.1	15.2	1.67	98
1-2	384	1.92	50.04	43.44	15.2	15.2	1.67	
			50.04	43.44	15.2			
2-1	390	1.95	50.06	43.19	15.9	15.9	1.68	
			50.06	43.19	15.9	15.9	1.68	99
2-2	390	1.95	50.05	43.22	15.8	15.8	1.68	
			50.05	43.22	15.8			
3-1	388	1.94	50.15	43.53	15.2	15.2	1.68	
			50.15	43.53	15.2	15.5	1.68	99
3-2	390	1.95	50.12	43.28	15.8	15.8	1.68	
			50.12	43.28	15.8			
4-1	382	1.91	50.04	43.48	15.1	15.1	1.66	
			50.04	43.48	15.1	15.2	1.67	98
4-2	384	1.92	50.04	43.44	15.2	15.2	1.67	
			50.04	43.44	15.2			
5-1	390	1.95	50.06	43.19	15.9	15.9	1.68	
			50.06	43.19	15.9	15.9	1.68	99
5-2	390	1.95	50.05	43.22	15.8	15.8	1.68	
			50.05	43.22	15.8			
6-1	388	1.94	50.15	43.53	15.2	15.2	1.68	
			50.15	43.53	15.2	15.5	1.68	99
6-2	390	1.95	50.12	43.28	15.8	15.8	1.68	
			50.12	43.28	15.8			

检测依据	GB/T 50123—1999《土工试验方法标准》
评定依据	设计要求
结 论	所检压实系数符合设计要求
备 注	

复核：　　　　　　　　　　　　　　　　　　　　　　　　　　　检测：

回填土检测记录（灌砂法）

记录编号：　2013-HT-002　　　　样品编号：　DL1305042　　　　状态描述：样品无影响试验结果的缺陷

委托日期：　2013　年　05　月　04　日　　　检测日期：　2013　年　05　月　05　日

主要检测设备：　干燥箱、天平　　　　　　　　　　　　　　检测环境：　19℃

回填土类别	1:1 砂石	密度试验方法	灌砂法
回填面积/长度 m²/m	250	最大干密度 g/cm³	2.11
辗压机械	平板振动器	回填标高 m	−2.10
设计压实系数 %	97		

试样编号	试坑用砂量 g	量砂密度 g/cm³	试坑体积 cm³	试样质量 g	湿密度 g/cm³	含水率 %	干密度 g/cm³	压实系数 %
1	13021	1.47	2514.29	5333	2.12	0.5	2.11	100
2	13115	1.47	2551.7	5379	2.11	0.4	2.10	99
3	12221	1.47	2790.48	5907	2.12	0.8	2.10	99
4	12012	1.47	2714.97	5742	2.11	0.7	2.01	99
5	13000	1.47	3017.01	6155	2.05	1.5	2.09	97
6	13111	1.47	2717.69	5759	2.12	1.4	2.05	97
7	13201	1.47	2581.63	5372	2.08	1.5	2.04	98
8	13331	1.47	2408.84	4994	2.07	1.6	2.08	97
9	13221	1.47	2427.89	5218	2.15	3.3	2.04	98
10	13111	1.47	2448.23	5168	2.11	3.5	2.08	97
11	13000	1.47	2489.8	5551	2.15	3.5	2.00	97

检测依据	GB/T 50123—1999《土工试验方法标准》
评定依据	设计要求
结　　论	压实系数符合设计要求
备　　注	

复核：　　　　　　　　　　　　　　　　　　　　　　　　　　　　　　检测：

混凝土配合比设计记录

记录编号： JL2013-HPS-001　　样品编号： DLH1305011　　状态描述： 样品无影响试验结果的缺陷

委托日期： 2013 年 05 月 01 日　　试验日期： 2013 年 05 月 02 日

主要试验设备： 混凝土搅拌机、振动台、坍落度筒、压力试验机　　试验环境： 21℃，58%

设计强度等级	C 30　　P-　　F-		水胶比	0.45	砂率 %	39
配制强度 MPa	38.2		要求坍落度 mm	160±20	含气量 %	2.3
扩展度 mm	/		混凝土密度	2440kg/m³		
水泥厂家	新乡市振新水泥有限公司		品种、等级	复合硅酸盐、32.5	报告编号：DL13C-5-1	
砂	粗、中√、细		细度模数：2.9	产地：辉县人工砂	报告编号：DL13ES-5-1	
石	碎√（卵）石	5-25mm		产地：北站	报告编号：DL13E-5-1	
掺合料：名称、级别	粉煤灰、F 类、Ⅱ级			产地：新乡电厂	报告编号：DL13F-5-1	
外加剂：厂名、名称、型号、掺量	卫辉楷澄、高效减水剂、WS-1、掺量 0.8%				报告编号：DL13W-5-1	
外加剂：厂名、名称、型号、掺量	卫辉楷澄、膨胀剂、UEA、掺量 8%				报告编号：DL13W-5-2	

配合比设计计算过程

1. 计算试配强度：38.2MPa；
2. 计算水胶比：0.45；
3. 确定用水量和外加剂用量：水 185kg/m³、外加剂 3.88kg/m³、38.8kg/m³；
4. 计算胶凝材料、掺合料和水泥用量外加剂：水泥 412kg/m³、粉煤灰 73kg/m³；
5. 选择砂率：39%；
6. 计算砂石用量：砂 675kg/m³、石 1055kg/m³；
7. 试配；
8. 配合比调整与确定。

不同水胶比		每立方米用量	水	水泥	砂	石	粉煤灰	高效试水剂	膨胀剂
混凝土材料用量 kg/m³	1	理论	185	459	637	1038	81	4.32	43.2
		调整	/	/	/	/	/	/	/
		质量比	0.40	1	1.39	2.26	0.18	0.0094	0.094
	2	每立方米用量	水	水泥	砂	石	粉煤灰	高效试水剂	膨胀剂
		理论	185	412	675	1055	73	3.88	38.8
		调整	/	/	/	/	/	/	/
		质量比	0.45	1	1.64	2.56	0.18	0.0094	0.094
	3	每立方米用量	水	水泥	砂	石	粉煤灰	高效试水剂	膨胀剂
		理论	185	370	712	1068	65	3.48	34.8
		调整	/	/	/	/	/	/	/
		质量比	0.50	1	1.92	2.89	0.18	0.0094	0.094

强度检验	成型日期	试压日期	养护方法	龄期 d	试件规格 mm	荷载 kN	抗压强度 MPa	强度代表值 MPa	备注
1	2013.5.2	2013.5.5	标准	3	100	278.9	26.5	26.3	/
						285.3	27.1		
						266.4	25.3		

续表

						480.0	45.6		
1	2013.5.2	2013.5.30	标准	28	100	491.6	46.7	46.8	/
						506.3	48.1		
						217.9	20.7		
		2013.5.5	标准	3	100	243.2	23.1	21.7	/
2	2013.5.2					225.4	21.4		
						436.8	41.5		
		2013.5.30	标准	28	100	454.7	43.2	41.8	/
						428.4	40.7		
						173.7	16.5		
		2013.5.5	标准	3	100	191.6	18.2	17.5	/
3	2013.5.2					188.4	17.9		
						272.6	35.4		
		2013.5.30	标准	28	100	380.0	36.1	36.3	/
						394.7	37.5		

不同水胶比	材料	水	水 泥	砂	石	粉煤灰	高效试水剂	膨胀剂	坍落度 mm	实测密度 kg/m³
1	试拌用料 kg	3.70	9.18	12.74	20.76	1.62	0.0864	0.864	170	2440
2		3.70	8.24	13.50	21.10	1.46	0.0776	0.776	170	2430
3		3.70	7.40	14.24	21.36	1.30	0.0696	0.696	180	2430

试验依据	JGJ 55—2011《普通混凝土配合比设计规程》 GB/T 50080—2002《普通混凝土拌和物性能试验方法标准》 GB/T 50081—2002《普通混凝土力学性能试验方法标准》
备 注	

复核： 设计：

181

电土试表 JCJL-012

混凝土拌和物性能检测记录

记录编号： JL2013-HBH-001　　样品编号： DLH1305041　　状态描述： 样品无影响试验结果的缺陷

委托日期： 2013 年 05 月 04 日　　检测日期： 2013 年 05 月 05 日

主要检测设备： 混凝土搅拌机、坍落度筒、混凝土灌入阻力仪、含气量测定仪　　检测环境： 21℃，65%

试拌用料 kg	水	水泥	砂子	石子	/	/	/
	3.80	10.30	10.70	23.80	/	/	/

开始搅拌时间 h:min	8:10	坍落度/维勃稠度 mm/s	35mm

试验项目

	试针面积 mm²	测试时间 h:min	混凝土贯入阻力 N			试针面积 mm²	测试时间 h:min	混凝土贯入阻力 N		
			1	2	3			1	2	3
凝结时间	100	12:11	65	57	63					
	100	13:10	123	122	125					
	100	14:05	207	195	205					
	100	14:40	278	276	267					
	100	15:13	366	377	386					
	50	16:15	309	316	325					
	50	17:04	486	472	498					
	50	17:52	303	301	326					
	20	18:30	422	434	479					
	20	19:05	576	593	623					

凝结时间 min	初凝:400　　　　　终凝:680		
泌水率	泌水总质量 g	40	48	47
	混凝土拌和物用水量 mL	3800	3800	3800
	混凝土拌和物总质量 g	48600	48600	48600
	筒及试样质量 g	10819	11853	10860
	筒质量 g	773	750	766
	试样质量 g	10779	11805	10813
	泌水率 %	5.1	5.5	6.0
	泌水率平均值 %	5.5		

次 数		A_{g1}	A_{g2}	A_{g3}	A_{01}	A_{02}	A_{03}
含气量	压力表读数 MPa	0.098	0.098	/	0.070	0.085	0.071
	平 均 MPa	0.098			0.070		
	含气量 %	0.4			4.0		
	混凝土拌和物含气量 %	3.6					
表观密度	容量筒质量 kg	2.81					
	容量筒和试样总质量 kg	15.01					
	容量筒容积 L	5					
	表观密度 kg/m³	2440					

检测依据	GB/T 50080—2002《普通混凝土拌和物性能试验方法标准》
评定依据	/
结 论	/
备 注	

复核：   检测：

标准养护混凝土抗压强度检测记录

记录编号：__JL2013-HKY-001__ 样品编号：__DLK1305011__ 状态描述：__试件受压面无缺棱、掉角、受压面平整__

委托日期：__2013__ 年 __05__ 月 __01__ 日 检测日期：__2013__ 年 __05__ 月 __01__ 日

主要检测设备：__液压式压力机__ 检测环境：__19℃__

序号	设计强度等级	成型日期	检测日期	龄期 d	立方体试件边长 mm	破坏荷载 kN	抗压强度值 MPa	换算系数	强度代表值 MPa
1	C30	2013.4.3	2013.5.1	28	100	316.2	30.0	0.95	30.9
						332.6	31.6		
						326.8	31.0		

检测依据	GB/T 50081—2002《普通混凝土力学性能试验方法标准》
评定依据	GB/T 50081—2002《普通混凝土力学性能试验方法标准》
备 注	

复核： 检测：

同条件养护混凝土抗压强度检测记录

记录编号：<u>JL2013-HKY-001</u>　样品编号：<u>DLK1305011</u>　状态描述：<u>试件受压面无缺棱、掉角、受压面平整</u>

委托日期：<u>2013</u> 年 <u>05</u> 月 <u>09</u> 日　检测日期：<u>2013 年 05 月 09</u> 日

主要检测设备：<u>液压式压力机</u>　检测环境：<u>19℃</u>

序号	设计强度等级	成型日期	检测日期	龄期 d	立方体试件边长 mm	破坏荷载 kN	抗压强度值 MPa	换算系数	折算系数	强度代表值 MPa
1	C30	2013.4.3	2013.5.9	36	100	316.2	30.0	0.95	1.1	34.0
						332.6	31.6			
						326.8	31.0			

检测依据	GB/T 50081—2002《普通混凝土力学性能试验方法标准》 GB 50204—2002（2011 版）《混凝土结构工程施工质量验收规范》
评定依据	GB/T 50081—2002《普通混凝土力学性能试验方法标准》
备　　注	

见证：　　　　　　　　　　复核：　　　　　　　　　　　　　　检测：

填表说明：对同条件养护混凝土试块进行全过程见证取样检测时，检测过程须经见证人员见证，本记录须由见证人员签字确认。

混凝土抗折强度检测记录

记录编号：__JL2013-HKZ-001__　　样品编号：__DLK1305012__　　状态描述：__试件受压面无缺棱、掉角、受压面平整__

委托日期：_2013_年_05_月_01_日　　检测日期：_2013_年_05_月_01_日

主要检测设备：__万能试验机__　　　　　　　　　　　　试验环境：_20℃_

序号	设计强度等级	成型日期	试验日期	龄期 d	养护方法	试件尺寸 mm	破坏荷载 kN	抗折强度值 MPa	平均值 MPa	强度代表值 MPa
1	R$_f$4.5	2013.4.3	2013.5.1	28	标准	150×150×600	33.8	4.5	5.0	5.0
							41.2	5.5		
							36.5	4.9		
2										
3										

检测依据	GB/T 50081—2002《普通混凝土力学性能试验方法标准》
评定依据	GB/T 50081—2002《普通混凝土力学性能试验方法标准》
备　注	

复核：　　　　　　　　　　　　　　　　　　　　　　　　　　检测：

混凝土抗冻（快冻）检测记录

记录编号：<u>JL2013-HKD-02</u>　　　样品编号：<u>DLS1305031</u>　　　状态描述：<u>样品无影响试验结果的缺陷</u>

委托日期：<u>2013</u> 年 <u>05</u> 月 <u>03</u> 日　　　检测日期：<u>2013</u> 年 <u>05</u> 月 <u>04</u> 日

主要检测设备：<u>混凝土快速冻融试验机、动弹仪、电子天平</u>　　　检测环境：<u>19℃</u>

试件编号		原始频率/质量 检测日期：2013.5.4				25 次冻融后频率/质量 检测日期：2013.5.8						50 次冻融后频率/质量 检测日期：2013.5.13					
		频率 Hz	质量 kg	动弹模量 GPa		频率 Hz	质量 kg	相对动弹模量 %		质量损失率 %		频率 Hz	质量 kg	相对动弹模量 %		质量损失率 %	
				单值	平均值			单值	平均值	单值	平均值			单值	平均值	单值	平均值
03	1	1500	9.28	17.70		1499	9.26	17.64		0.22		1494	9.11	17.24		1.83	
	2	1512	9.50	18.41	18.11	1510	9.47	18.30	18.04	0.32	0.2	1508	9.35	18.02	17.69	1.58	1.6
	3	1508	9.46	18.23		1507	9.44	18.17		0.21		1503	9.31	17.83		1.59	

检测依据	GB/T 50082—2009《普通混凝土长期性能和耐久性能试验方法标准》
评定依据	GB/T 50082—2009《普通混凝土长期性能和耐久性能试验方法标准》
结　论	
备　注	

复核：　　　　　　　　　　　　　　　　　　　　　　　　　检测：

混凝土抗水渗透检测记录

记录编号：__JL2013-HKS-001__   样品编号：__DLS1305141__   状态描述：__试件完整、表面刷毛处理__

委托日期：_2013_年_05_月_14_日   检测日期：_2013_年_05_月_15_日

主要检测设备：_混凝土抗渗仪_____   检测环境：_22℃_____

混凝土强度等级		C25	成型日期			2013.4.17		
混凝土抗渗等级		P6	成型方法			□人工插捣 □机械振捣		
养护条件		标准	龄 期 d			28		
试验方法		逐级加压	试件编号			001		

加压时间		结束时间	水压 MPa	透水情况					
月日	时间			1	2	3	4	5	6
5.15	10:24		0.1	无渗水	无渗水	无渗水	无渗水	无渗水	无渗水
5.15	18:24		0.2	无渗水	无渗水	无渗水	无渗水	无渗水	无渗水
5.16	2:24		0.3	无渗水	无渗水	无渗水	无渗水	无渗水	无渗水
5.16	10:24		0.4	无渗水	无渗水	无渗水	无渗水	无渗水	无渗水
5.16	18:24		0.5	无渗水	无渗水	无渗水	无渗水	无渗水	无渗水
5.17	2:24		0.6	无渗水	无渗水	无渗水	无渗水	无渗水	无渗水
5.17		10:35							

劈裂情况								
渗水高度 mm	单块值	测点值	$h_1=$ $h_6=$	$h_1=$ $h_6=$	$h_1=$ $h_6=$	$h_1=$ $h_6=$	$h_1=$ $h_6=$	$h_1=$ $h_6=$
			$h_2=$ $h_7=$	$h_2=$ $h_7=$	$h_2=$ $h_7=$	$h_2=$ $h_7=$	$h_2=$ $h_7=$	$h_2=$ $h_7=$
			$h_3=$ $h_8=$	$h_3=$ $h_8=$	$h_3=$ $h_8=$	$h_3=$ $h_8=$	$h_3=$ $h_8=$	$h_3=$ $h_8=$
			$h_4=$ $h_9=$	$h_4=$ $h_9=$	$h_4=$ $h_9=$	$h_4=$ $h_9=$	$h_4=$ $h_9=$	$h_4=$ $h_9=$
			$h_5=$ $h_{10}=$	$h_5=$ $h_{10}=$	$h_5=$ $h_{10}=$	$h_5=$ $h_{10}=$	$h_5=$ $h_{10}=$	$h_5=$ $h_{10}=$
		平均值						
	组平均值							

检测依据	GB/T 50082—2009《普通混凝土长期性能和耐久性能试验方法标准》
评定依据	GB/T 50082—2009《普通混凝土长期性能和耐久性能试验方法标准》
结 论	该组试件抗水渗透性能符合设计 P6 等级
备 注	

复核：   检测：

砂浆配合比设计记录

记录编号：　JL2013-SPS-001　　　样品编号：　DLH1305024　　　状态描述：　样品无影响试验结果的缺陷

委托日期：　2013 年 05 月 02 日　　记录日期：　2013 年 05 月 03 日

主要检测设备：　砂浆稠度仪、压力试验机　　　　　　　　　　　试验环境：21℃

<table>
<tr><td rowspan="4">每立方米砂浆材料用量</td><td colspan="6">水泥：品种　复合　强度等级　32.5　牌号　金灯
报告编号　DL13C-5-1　用量　230　kg
砂：产地　辉县　规格　中砂　报告编号　DL13ES-5-1
用量　1500　kg</td><td rowspan="2">质量比</td><td colspan="3">水泥:砂=1:6.52</td></tr>
<tr><td colspan="6">掺合料：产地　　　名称　　　报告编号　　　用量　　　kg</td><td rowspan="3" colspan="3">稠度 mm | 78 / 83 | 平均 80</td></tr>
<tr><td colspan="6">外加剂：厂家　　　名称　　　型号　　　报告编号　　　
用量　　kg</td></tr>
<tr><td colspan="6">石灰膏：产地　　　稠度　　　用量　　　kg</td></tr>
</table>

设计强度等级	配制强度 MPa	要求稠度 mm	分层度	K_1 mm	K_2 mm	平均值 mm	密度	M_1 kg	M_2 kg	V L	P kg/m³	平均值 kg/m³
				81	63	18		3.42	5.31	1	1890	1900
M5	6.0	70～90		85	67			3.42	5.33	1	1910	

	成型日期	试压日期	龄期 d	养护方法	试件规格 mm	破坏荷载 kN	强度 MPa	强度代表值 MPa	
试验结果	2013.5.3	2013.5.6	3	标准	70.7	7.8	2.1	2.1	配合比设计计算过程： 1. 计算试配强度； 2. 计算每立方砂浆中的水泥用量； 3. 计算每立方砂浆中的石灰膏用量； 4. 确定每立方砂浆中的砂子用量。
						9.3	2.5		
						9.6	2.6		
		2013.5.31	28	标准	70.7	25.2	6.8	6.6	
						24.8	6.7		
						23.7	6.4		

试拌用料 kg	水	水泥	砂	石灰膏	掺合料	外加剂	稠度 mm	试验依据	JGJ 98—2000《砌筑砂浆配合比设计规程》 JGJ/T 70—2009《建筑砂浆基本性能试验方法》
	/	2.30	15.00	/	/	/	80	备注	

复核：　　　　　　　　　　　　　　　　　　　　　　　　　　　　　设计：

砂浆拌和物性能检测记录（1）

记录编号：___DLH1305021___　　　样品编号：___DLH1305021___　　　状态描述：___正常___

委托日期：_2013_ 年 _05_ 月 _02_ 日　　检测日期：_2013_ 年 _05_ 月 _03_ 日

主要检测设备：___砂浆稠度仪___　　　　　　　　　　　　检测环境：_____

稠度 mm		第 1 次	第 2 次
		81	85
稠度平均值 mm		83	
保水性	试模质量 m_1 g	816	816
	15 片中速滤纸质量 m_2 g	13.1	13.2
	试模、试样质量 m_3 g	1479	1482
	吸湿后滤纸质量 m_4 g	22.1	23.3
	计算公式	/	/
	保水性 %	88.7	87.4
	平均值 %	88.0	
检测依据	JGJ/T 70—2009《建筑砂浆基本性能试验方法》		
评定依据	JGJ/T 98—2010《砌筑砂浆配合比设计规程》		
结论	该水泥砂浆所检项目性能符合标准要求		
备注			

复核：　　　　　　　　　　　　　　　　　　　　　　　　　　　　检测：

砂浆拌和物性能检测记录（2）

记录编号：__JL2013-SJX-001__　　　样品编号：__DLH1305021__　　　状态描述：__样品无影响检测结果缺陷__

委托日期：__2013__ 年 __05__ 月 __02__ 日　　检测日期：__2013__ 年 __05__ 月 __03__ 日

主要检测设备：__砂浆抗冻仪、稠度仪、分层度仪、烘箱__　　　　　　　检测环境：__19℃__

砂浆材料用量 kg/m³	水泥：品种 复合　　强度等级 32.5　　牌号 金灯

水泥：品种 __复合__　　强度等级 __32.5__　　牌号 __金灯__
用量 __230kg__　　　　报告编号 __DL13C-5-1__
砂：产地 __辉县__　　　规格 __中砂（人工砂）__
用量 __1500kg__　　　报告编号 __DL13ES-5-1__
掺合料：产地____　　　名称：____
用量____　　　　　　报告编号____
外加剂：厂家____　　名称____
型号____　　　　　　用量____　　　报告编号____
石灰膏：产地____　　稠度____
用量____kg

设计强度	配制强度	稠度 mm	分层度 mm	K_1	K_2	平均值	密度	M_1 kg	M_2 kg	V L	P kg/m³	平均值 kg/m³
				81	63	18		3.42	5.31	1	1890	1900
M5	6.0	70～90		85	67			3.42	5.33	1	1910	

冻融前试件质量 g		5 次循环		10 次循环		15 次循环		20 次循环		25 次循环	
668		664		661		658		650		634	
672	673	665	666	660	662	654	657	647	647	637	636
679		669		666		659		644		636	

质量损失率 %					
	1	1.6	2.4	3.9	5.5

对比试件强度 MPa		试验试件强度 MPa		强度损失率 %
6.7		5.8		
6.9	7.1	4.6	5.7	20
7.8		5.7		

试拌用料 kg		水	水泥	砂		稠度 mm	检测依据 JGJ/T 70—2009《建筑砂浆基本性能试验方法》
		/	2.30	15.00		83	评定依据 JGJ/T 98—2010《砌筑砂浆配合比设计规程》
							备　注

复核：　　　　　　　　　　　　　　　　　　　　　　　　　　　　检测：

砂浆抗压强度检测记录

记录编号： JL2013-SKY-001　　　样品编号： DLKS1305011　　　状态描述： 试件完整、表面干净

委托日期： 2013 年 05 月 01 日　　　检测日期： 2013 年 05 月 01 日

主要检测设备： 全自动压力机　　　　　　　　　　　　　检测环境： 19℃

序号	设计强度等级	成型日期	试验日期	龄期 d	养护方法	立方体试件边长 mm	破坏荷载 kN	抗压强度值 MPa	换算系数	强度代表值 MPa
1	M10	2013.4.3	2013.5.1	28	标准	70.7	53.6	14.5	1.35	13.4
							50.1	13.5		
							45.7	12.3		

检测依据　JGJ/T 70—2009《建筑砂浆基本性能试验方法标准》

评定依据　JGJ/T 70—2009《建筑砂浆基本性能试验方法标准》

备　注

复核：　　　　　　　　　　　　　　　　　　　　　　检测：

192

掺外加剂混凝土检测记录（1）

记录编号：__JL2013-HWJ-001__　　　　样品编号：__DLW1305014__　　　　状态描述：__样品完好、无沉淀现象__

委托日期：__2013__ 年 __05__ 月 __01__ 日　　　记录日期：__2013__ 年 __05__ 月 __03__ 日

主要检测设备：__混凝土搅拌机 SJD60、电子天平 WT110000、含气量测定仪、收缩仪、振动台__

检测环境：__19℃，60%__

样品名称、型号		标准型高效减水剂、HWR-S	生产厂家	兴源建材有限公司	掺量 %		1.8
混凝土配比 kg/m³	水泥品种	基准水泥	石子品种	碎石 5～20mm	砂细度模数		2.8
	水泥用量 kg	330	石子用量 kg	1125	砂子用量 kg		750
	外加剂用量 kg	5.94	水 用 量 kg	195	砂含水率 %		0
拌和量 30L	水用量	水泥用量 kg	砂子用量 kg	石子用量（5～10mm）kg	石子用量（10～20mm）kg		外加剂用量 kg
		5.850	22.50	13.50	20.25		0.1782
试 验 项 目			基准混凝土			掺外加剂混凝土	

	试 验 项 目	基准混凝土			掺外加剂混凝土		
减水率	用水量 mL	5850	5850	5850	4700（4576+124	4720（4596+124	4711（4587+124
	坍落度 mm	80	85	85	85	85	85
	减水率 %	/	/	/	19.6	19.3	19.5
				19			
泌水率比	泌水总质量 g	40	47	43	19	18	15
	混凝土总用水量 g	5850	5850	5850	4576	4596	4587
	混凝土总质量 g	72000	72000	72000	700904	70924	70915
	筒及试样质量 g	10806	11876	10863	11897	11821	11564
	筒质量 g	760	773	766	754	750	775
	试验后筒及试样质量 g	10766	11829	10820	11878	11803	11549
	泌水率 %	4.9	5.2	5.2	2.6	2.5	2.1
	泌水率平均值 %	5.1			2.5		
	泌水率比 %			49			
含气量	含气量检测	骨料	基准混凝土			掺外加剂混凝土	
	次数	1	1	2	3	1	2	3
	压力表读数 MPa	0.095	0.086	0.086	0.086	0.081	0.082	0.080
	平均 MPa	0.095	0.086			0.081		

续表

含气量	含气量 %	A=0.3	A_0=−2.4			A_g=2.9		
	混凝土拌和物含气量 %	2.1				2.6		
收缩率比	试件编号	1	2	3	1	2	3
	初始值 mm	2.14	2.35	2.22	2.26	2.09	2.17
	28d 龄期值 mm	2.10	2.30	2.18	2.23	2.05	2.14
	收缩率 %	0.08	0.10	0.08	0.06	0.08	0.06
		0.09			0.07		
	收缩率比 %	78					

复核：   检测：

掺外加剂混凝土检测记录（2）

记录编号：_____ 样品编号：_____ 状态描述：_____

委托日期：_____年___月___日 记录日期：_____年___月___日

主要检测设备：__贯入阻力仪 HG-100S、冰箱 LD30-120、压力试验机 WYA-3000__ 检测环境：_____

基准混凝土贯入阻力 N									掺外加剂混凝土贯入阻力 N								
加水时间：7:28			加水时间：7:50			加水时间：8:10			加水时间：8:29			加水时间：8:53			加水时间：9:16		
试针面积	测试时间	灌入阻力	试针面积	测试时间	灌入阻力	试针面积	测试时间	灌入阻力	试针面积	测试时间	灌入阻力	试针面积	测试时间	灌入阻力	试针面积	测试时间	灌入阻力
100	11:33	91	100	11:55	88	100	12:16	67	100	13:55	53	100	14:18	64	100	14:42	56
100	12:29	130	100	12:52	143	100	13:11	133	100	14:53	123	100	15:15	144	100	15:40	122
100	13:05	205	100	13:27	215	100	13:50	205	100	15:46	210	100	16:10	227	100	16:34	224
100	13:58	285	100	14:20	304	100	14:41	289	100	16:21	289	100	16:45	304	100	17:10	289
100	14:33	396	100	14:55	397	100	15:13	386	100	16:56	366	100	17:21	411	100	17:45	398
50	15:27	321	50	15:51	335	50	16:10	303	50	18:05	367	50	18:30	382	50	18:54	367
50	16:33	530	50	16:56	561	50	17:14	534	50	18:58	589	50	19:21	591	50	19:45	589
20	17:32	343	20	17:55	346	20	18:17	355	20	19:44	353	20	20:08	355	20	20:31	371
20	18:05	446	20	18:30	453	20	18:52	475	20	20:13	477	20	20:35	451	20	21:00	475
20	18:44	577	20	18:05	606	20	19:23	598	20	20:45	611	20	21:10	598	20	21:32	613

初凝	391	388	397	486	477	483
		390			480	

终凝	699	693	686	740	744	738
		695			740	

初凝时间差 min	90	终凝时间差 min	45

抗压强度比	抗压日期	龄期 d	基准混凝土抗压强度 MPa				掺外加剂混凝土抗压强度 MPa				抗压强度比 %
			1	2	3	平均值	1	2	3	平均值	
	5.4	1	8.7	7.8	7.9	8.1	12.5	11.8	13.7	12.7	157
	5.6	3	19.7	18.8	16.9	18.5	28.7	27.5	29.3	28.5	154
	5.10	7	32.4	30.9	33.6	32.3	43.2	40.9	42.8	42.3	131
	5.31	28	39.8	42.5	44.1	42.1	55.1	48.7	52.5	52.1	124

相对耐久性	初始动弹性模量 MPa	18048	18132	18159
	平均值 %	18100		
	200 次冻融后动弹性模量 MPa	17001	17039	16951
	平均值 %	17000		
	相对动弹性模量 %	93.9		

依据标准	GB 8076—2008《混凝土外加剂》
结　论	所检项目结果符合标准规定的技术要求
备　注	外加剂中水量已加到混凝土用水量中

复核： 检测：

外加剂匀质性检测记录（1）

记录编号：__JL2013-HWJ-001__   样品编号：__DL1305014__   状态描述：__正常__

委托日期：_2013_年_05_月_01_日   记录日期：_2013_年_05_月_02_日

主要检测设备：__烘箱__   检测环境：__20℃__

样品名称			标准型高效减水剂、HWR-S			
总碱量	称量盘质量 g		0.00		0.00	
	试样质量 g		0.1		0.1	
	稀释倍数		2.5		2.5	
	每100mL被测定液中碱含量 mg		C_1	C_2	C_1	C_2
			1.33	1.04	1.32	1.04
	碱含量 %		X_{K_2O}	X_{Na_2O}	X_{K_2O}	X_{Na_2O}
			3.32	2.60	3.30	2.60
	总碱含量 %	单次值	4.78		4.77	
		平均值	4.78			
固体含量	称量瓶的质量 g		35.2424		36.1596	
	称量瓶加试样的质量 g		40.2625		41.2913	
	称量瓶加烘干后试样的质量 g		36.7718		37.7356	
	固体含量 %	单次值	30.47		30.71	
		平均值	30.59			
密度	比重瓶在20℃时的容积 mL		25.1531		25.1258	
	干燥的比重瓶质量 g		25.0241		25.0238	
	比重瓶盛满20℃水的质量 g		50.1319		50.1044	
	20℃时纯水的密度 g/mL		0.9982			
	装满20℃外加剂溶液后的质量 g		51.8876		51.9335	
	密度 %	单次值	1.068		1.071	
		平均值	1.069			
细度	试样质量 g		10.23		10.04	
	筛余物质量 g		2.05		2.10	
	细度 %	单次值	20.04		20.92	
		平均值	20.48			
pH值	pH值	单次值	6.7		6.7	
		平均值	6.7			

氯离子含量		硝酸银溶液的浓度 mol/L	0.1011	0.1011
		氯化钠标准溶液的浓度 mol/L	0.100	0.100
		空白试验加 10mL 氯化钠溶液时所消耗的硝酸银体积 mL	10.44	10.44
		空白试验加 20mL 氯化钠溶液时所消耗的硝酸银体积 mL	20.33	20.33
		外加剂中加 10mL 氯化钠溶液时所消耗的硝酸银体积 mL	13.33	13.34
		外加剂中加 10mL 氯化钠溶液时所消耗的硝酸银体积 mL	23.35	23.33
		外加剂样品质量 g	0.7765	0.7834
	外加剂氯 离子含量 %	单次值	1.37	1.35
		平均值	1.36	
硫酸钠含量		试样质量 g	0.5014	0.5009
		空坩埚质量	11.2534	10.2703
		灼烧后滤渣加坩埚质量 g	11.2548	10.2718
	外加剂中 硫酸钠含量 %	单次值	0.1699	0.1823
		平均值	0.18	
检测依据				
评定依据				
结　　论				
备　　注				

复核：　　　　　　　　　　　　　　　　　　　　　　　　　　　　　　　　检测：

电土试表 JCJL-017.4

外加剂匀质性检测记录（2）

记录编号： JL2013-HWJ-001　　样品编号： DLW1305014　　状态描述： 正常

委托日期： 2013 年 05 月 01 日　　检测日期： 2013 年 05 月 02 日

主要检测设备： 净浆搅拌机、截锥试模　　　　　　　检测环境：＿＿＿＿＿＿＿＿＿

细度试验	试样质量 g	筛余物质量 g	试样筛余百分数 %	平均值 %
	10.23	2.05	20.04	20.5
	10.04	2.10	20.92	

水泥净浆流动度	用水量 g	101=（105－4）	第一次 mm		第二次 mm		平均 mm
	外加剂用量 g	5.4（其中含水量3.7g）					
	水泥的强度等级	基准水泥 42.5	312	310	314	317	
	水泥生产厂家	北京					314
	外加剂生产厂家	兴源建材有限公司	311		316		
	外加剂名称、型号	标准型高效减水剂、HWR-S					

检测依据	GB/T 8077—2012《混凝土外加剂匀质性试验方法》
评定依据	GB/T 8077—2012《混凝土外加剂匀质性试验方法》
结　论	所检项目结果符合标准规定的技术要求
备　注	

复核：　　　　　　　　　　　　　　　　　　　　　　　检测：

198

混凝土膨胀剂性能检测记录

记录编号：__JL2013-HPJ-001__　　　样品编号：__DLW1305013__　　　状态描述：__样品无影响试验结果的缺陷__

委托日期：__2013__ 年 __05__ 月 __01__ 日　　检测日期：__2013__ 年 __05__ 月 __02__ 日

主要检测设备：__胶砂搅拌机、负压筛、维卡仪、比长仪、压力机__　　　检测环境：__19℃__

龄期		7d		28d			测试日期（05月03日）			测试日期（05月10日）				测试日期（05月31日）		
破型日期		05月09日		05月30日		编号	基准长度 mm	试样长度 mm	基准长度 mm	水中7d试样长度 mm	水中7d膨胀率 %		基准长度 mm	空气中21d试样长度 mm	空气中21d膨胀率 %	
抗压强度 MPa		kN	MPa	kN	MPa	1	1.950	2.151	1.660	1.894	0.024	0.026	1.453	1.660	0.004	0.002
	1	36.4	22.8	65.7	40.1	2		2.137		1.803	0.026			1.643	0.002	
	2	35.6	22.2	68.9	43.1	3		2.143		1.890	0.026			1.648	0.001	
	3	33.3	20.8	66.4	41.5	细度 1.18mm 筛筛余（修正系数：1.00）			比表面积 m²/kg				化学成分			
	4	30.5	19.1	71.4	44.6				试样质量 g	2.832	2.832		氧化镁含量 %			
	5	35.8	22.4	67.4	42.1	试样质量 g	50.12	50.27	时间 s	66.3	67.1	4.3	4.3			
	6	34.0	21.2	70.0	43.8	筛余物质量 g	0.00	0.00	温度 ℃	25.4	325.0	4.3				
	结果	34.3	21.9	68.3	42.7	细度 %	0.0	0.0	比表面积 m²/kg	302	304		碱含量 %			

凝结时间	加水时间		7：35		细度平均值 %		0.0		比表面积平均值 m²/kg		303	0.20	0.20	
												0.20		
	测试时间 h:min	8:10	8:40	9:10	9:35	9:50	10:00	10:00 5	10:10	10:15	10:20	10:20	10:20	初凝时间 min
	试针距底板距离 mm	0	0	0	1	2	2	2	2	3	3	3		165
	测试时间 h:min	11:00	11:15	11:30	11:45	12:00	12:15	12:15						终凝时间 min
	附件在试体上有无痕迹	有痕	有痕	有痕	有痕	有痕	无痕	无痕						280

检测依据	GB 23439—2009《混凝土膨胀剂》 GBT 8074—2008《水泥比表面积测定方法勃氏法》 GB/T 1346—2011《水泥标准稠度用水量、凝结时间、安定性检验方法》 GB/T 17671—1999《水泥胶砂强度检验方法》
评定依据	GB 23439—2009《混凝土膨胀剂》
结论	所检项目结果符合标准规定的技术要求
备注	

复核：　　　　　　　　　　　　　　　　　　　　　　　　　　　　检测：

混凝土拌和用水性能检测记录

记录编号：<u>JL2013-BS-001</u>　　样品编号：<u>DLU1305056</u>　　状态描述：<u>样品无影响试验结果的缺陷</u>

委托日期：<u>2013</u>年<u>05</u>月<u>05</u>日　　记录日期：<u>2013</u>年<u>05</u>月<u>10</u>日

主要检测设备：<u>烘箱</u>　　　　　　　　　　　　　　　　检测环境：<u>21℃</u>

水样类型	地下水	水样外观	无色、无味、透明
取样地点	现场	样品状态	正常
试验项目			
pH 值	7.1		
不溶物	悬浮物＋滤膜＋称量瓶质量 g		76.4987
	滤膜＋称量瓶质量 g		76.4957
	试样体积 mL		100
	悬浮物含量 mg/L		3.0
可溶物	蒸发皿的质量 g		37.7713
	蒸发皿和溶解性总固体的质量 g		37.8506
	水样体积 mL		100
	水样中溶解性总固体的质量浓度 mg/L		793
Cl^-	蒸馏水消耗硝酸银标准溶液量 mL		1.85
	试样消耗硝酸银标准溶液量 mL		9.85
	硝酸银标准溶液浓度 mol/L		0.0141
	试样体积 mL		50
	Cl^-含量 mg/L		80.0
SO_4^{2-}	从试样中沉淀出来的硫酸钡质量 g		0.0644
	试料的体积 mL		150
	SO_4^{2-}的含量 mg/L		176.7
检测依据	GB/T 6920—1986《水质 PH 值的测定 玻璃电极法》 GB/T 11901—1989《水质 悬浮物的测定 重量法》 GB/T 5750.4—2006《生活饮用水标准检验方法》 GB/T 11896—1989《水质 氯化物的测定 硝酸银滴定法》 GB/T 11899—1989《水质 硫酸盐的测定 重量法》		
评定依据	JGJ 63—2006《混凝土用水标准》		
结 论	所检结果符合标准规定的技术要求		
备 注	凝结时间、强度比试验采用水泥试验表格记录		

复核：　　　　　　　　　　　　　　　　　　　　　　　　　　检测：

水泥基灌浆材料性能检测记录

记录编号： JL2013-SGL-001　　　　样品编号： DLC1305002　　　　状态描述： 样品无影响试验结果的缺陷

委托日期： 2013 年 05 月 02 日　　检测日期： 2013 年 05 月 03 日

主要检测设备： 净浆搅拌机、胶砂搅拌机、电动抗折试验机、胶砂振实台　　检测环境： 20℃

产品型号	DTM 普通型		牌 号		兴元		生 产 厂 家		兴元建材								
龄 期	1d		3d		28d		钢筋握裹力 MPa	P_1	12.56	12.89	13.01	12.74	12.68	12.94	D mm	L mm	A mm²
破型日期	05月04日		05月06日		05月31日			P_2							20	200	12566
	序号	kN	MPa	kN	MPa	kN	MPa	4.0	P_3								
抗压荷载强度	1	45.03	28.1	79.80	49.9	128.58	80.4	流动度 mm	初始流动度					296			
	2	45.19	25.1	82.03	51.3	124.76	78.0		30min 流动度保留值					254			
	3	43.88	27.4	83.00	51.9	119.63	74.8	竖向膨胀率 %	初始值 mm			龄期值 mm			基准值 mm		膨胀率 %
	4	46.86	29.3	74.57	46.6	125.34	78.3		99.75	99.90	99.89	101.06	100.98	101.11	100	100	100	1.20
	5	43.80	27.4	76.81	48.0	120.49	75.3		99.75	99.90	99.89	101.11	101.23	101.34	100	100	100	1.38
	6	43.19	27.0	74.79	46.7	119.41	74.6	粒径	试样质量 g			筛余质量 g			筛余 %		
抗压强度 MPa	27.4		49.1		76.9			500			9			1.8			

凝结时间	加水时间 8h:51 min	面积	100	100	100	50	50	50	50	20	/	/	初凝时间 min		终凝时间 min	
		时间	19:10	19:50	20:30	20:50	21:20	21:45	22:20	23:20	/	/	510		686	
		阻力	1.3	2.5	3.3	5.6	9.2	14.2	17.6	30	/	/				

对钢筋锈蚀作用	无	V_W g	W g	G g	G_1 g	G_0 g	G_W g	B_c %	泌水率 %
		13	4776	5103	10982	750	10232	1.3	1.2
		12	4776	5110	10926	754	10172	1.2	

检测依据	GB/T 50080《普通混凝土拌合物性能试验方法标准》 GB/T 17671—1999《水泥胶砂强度检验方法》 GB 50119—2003《混凝土外加剂应用技术规范》
评定依据	GB/T 50448—2008《水泥基灌浆材料应用技术规范》
结 论	所检结果符合标准要求
备 注	此次结果对钢筋无锈蚀

复核：　　　　　　　　　　　　　　　　　　　　　　　　　　　　　　检测：

防水卷材性能检测记录

记录编号：__JL2013-FJ-001__　　样品编号：__DLZ1305011__　　状态描述：__样品无影响试验结果的缺陷完好__

委托日期：__2013__ 年 __05__ 月 __01__ 日　记录日期：__2013__ 年 __05__ 月 __02__ 日

主要检测设备：__干燥鼓风箱、冰箱、拉力机、不透水仪__　　检测环境：__19℃__

产品标记	Ⅰ PY PE PE 4		合格证编号				2013050111		
试验项目			检测结果						
			试件						结果	本项结论

试验项目		萃取前质量	萃取后质量	萃取前质量	萃取后质量	萃取前质量	萃取后质量	结果	本项结论
可溶物含量 g/m²		45.901	16.105	46.808	17.206	47.105	17.304	2973	合格
		A=2980		A=2960		A=2980			
耐热性 90℃（加热120±2min）	滑动值 mm	0		0		0		0	合格
	检测现象	无流淌、滴落							
低温柔性 −20℃	上表面	无裂缝	无裂缝	无裂缝	无裂缝	无裂缝		无裂缝	合格
	下表面	无裂缝	无裂缝	无裂缝	无裂缝	无裂缝		无裂缝	
不透水性	压力 0.3MPa	不透水		不透水		不透水		不透水	合格
	保持时间 30±2min								
拉伸性能	拉力 N/50mm	最大峰拉力，纵向	1019.5	922.5	918.0	929.6	984.9	955	合格
		最大峰拉力，横向	947.9	989.1	963.2	957.0	958.6	965	合格
		次高峰拉力，纵向	805.9	827.9	834.6	854.1	839.6	830	合格
		次高峰拉力，横向	813.1	826.6	805.7	806.4	811.9	815	合格
		试验现象	试件中部无沥青涂盖层开裂或胎基分离现象						合格
	延伸率 %	最大峰时延伸率，纵向	L_1=289 S=44.5	L_1=283 S=41.5	L_1=294 S=47.0	L_1=290 S=45.0	L_1=287 S=43.5	44	合格
		最大峰时延伸率，横向	L_1=286 S=43.0	L_1=289 S=44.5	L_1=287 S=43.5	L_1=286 S=43.0	L_1=286 S=43.0	43	合格
		第二峰时延伸率，纵向	L_1=271 S=35.5	L_1=269 S=34.5	L_1=276 S=38.0	L_1=274 S=37.0	L_1=276 S=38.0	37	合格
		第二峰时延伸率，横向	L_1=270 S=35.0	L_1=267 S=33.5	L_1=269 S=34.5	L_1=270 S=35.0	L_1=273 S=36.5	35	合格
渗油性 90℃（加热5h±15min）	渗油张数	1		0		1		1	合格

检测依据	GB/T 328.1～27—2007《建筑防水卷材试验方法》
评定依据	GB 18242—2008《弹性体改性沥青防水卷材》
结 论	所检项目结果符合 GB 18242—2008《弹性体改性沥青防水卷材》规定的技术要求
备 注	

复核：　　　　　　　　　　　　　　　　　　　　　　　　　检测：

防水涂料性能检测记录（1）

记录编号：__JL2013-FT-001__　　　样品编号：__DL13Z-5-1__　　　状态描述：__样品无影响试验结果的缺陷完好__

委托日期：__2013__ 年 __05__ 月 __01__ 日　　检测日期：__2013__ 年 __05__ 月 __02__ 日

主要检测设备：__干燥鼓风箱、天平、拉力机__　　　　　　　检测环境：__19℃__

品种及组分			单组													类别	I	
试验项目			检 测 结 果															
			试件1			试件2			试件3			试件4			试件5			试件6	结果
1	拉伸强度 MPa	厚度 mm	检测值	1.375	1.420	1.459	1.460	1.437	1.410	1.500	1.439	1.466	1.435	1.469	1.450	1.443	1.460	1.4491		2.01
			平均值	1.42			1.44			1.47			1.45			1.47				
		宽度 mm		6			6			6			6			6				
		荷载 N		16.7			16.4			18.9			17.6			18.0				
		拉伸强度 MPa		1.96			1.90			2.14			2.02			2.04				
2	断裂伸长率 %	断裂时标线间距 mm		176			176			182			170			169				598
		断裂伸长率 %		604			604			628			580			576				
3	热处理后拉伸强度 MPa	厚度 mm	检测值	1.357	1.452	1.447	1.526	1.440	1.450	1.421	1.335	1.442	1.359	1.429	1.450	1.465	1.389	1.440		1.67
			平均值	1.42			1.47			1.40			1.41			1.43				
		宽度 mm		6			6			6			6			6				
		荷载 N		14.1			14.0			15.2			14.7			13.3				
		强度 MPa		1.65			1.59			1.81			1.74			1.55				
4	保持率 %			84.0			83.7			84.6			86.1			76.0				83

续表

5	黏结强度 MPa	黏结长度 mm	22.5		22.4		22.5			22.5		22.4					0.72	
		黏结宽度 mm	22.2		22.2		22.1			22.2		22.1						
		拉力 N	353.7		365.2		370.8			342.5		366.0						
		黏结强度 MPa	0.71		0.73		0.75			0.69			0.74					
6	撕裂强度 MPa	厚度 mm	检测值	1.463	1.446	1.432	1.479	1.502	1.378	1.395	1.441	1.460	1.446	1.498	1.473	1.504	1.437	1.440	13.3
			平均值	1.45			1.45			1.43			1.47			1.46			
		拉力 N	18.7		20.7		19.2			18.8		19.3						
		撕裂强度 N/mm	12.90		14.28		13.43			12.79		13.22						

检测依据	GB/T 16777—2008《建筑水涂料试验方法》 GB/T 529—1999《硫化橡胶或热塑性橡胶撕裂强度的测定》
评定依据	GB/T 19250—2003《聚氨酯防水涂料》
结 论	所检项目结果符合 GB/T 19250—2003《聚氨酯防水涂料》规定的技术要求
备 注	

复核：　　　　　　　　　　　　　　　　　　　　　　　　　　　　　　　　检测：

防水涂料性能检测记录（2）

记录编号： 2013-FT-001 样品编号： DL13Z-5-1 状态描述： 正常

委托日期： 2013 年 05 月 01 日 试验日期： 2013 年 05 月 02 日

主要检测设备： 干燥鼓风箱、天平、不透水仪、冰箱 检测环境： 19℃

品种及组分		单组	类别	I	生产厂家	新乡锦绣防水有限公司	
试验项目			检验结果				
			试件 1	试件 2	试件 3		结果
7	固体含量 %	培养皿质量 g	32.935	33.504			91
		干燥前试样和培养皿质量 g	39.729	39.365			
		干燥后试样和培养皿质量 g	39.119	38.795			
		固体质量 %	91.0	90.3			
8	表干时间 h	开始计时时间	8 时 29 分				10.5
		表干计时时间	18 时 59 分				
		表干时间 h	10.5				
9	实干时间 h	实干计时时间	7 时 29 分				23.0
		实干时间 h	23.0				
10	耐热性（80℃）		无流淌、起泡和滑动	无流淌、起泡和滑动	无流淌、起泡和滑动		合格
11	低温柔度（−20℃）		无裂纹	无裂纹	无裂纹		合格
12	低温弯折性（−40℃）		无裂纹	无裂纹	无裂纹		合格
13	不透水性（0.3MPa，30min）		不透水	不透水	不透水		合格
检测依据		GB/T 16777—2008《建筑水涂料试验方法》					
评定依据		GB/T 19250—2003《聚氨酯防水涂料》					
结论		样品经检测符合 GB/T 19250—2003《聚氨酯防水涂料》规定的技术要求					
备注							

复核： 检测：

沥 青 性 能 检 测 记 录

记录编号：__JL2013-LQ-001__　　样品编号：__DLZ1305011__　　状态描述：__样品无影响试验结果的缺陷__

委托日期：__2013__年__05__月__01__日　记录日期：__2013__年__05__月__02__日

主要检测设备：__针入度仪、延度仪、软化点测定仪__　　　　　　检测环境：__19℃__

品种及牌号	石油沥青 10 号			生产厂家	新乡日月防水材料有限公司	
沥青试验项目						
检测项目	性能指标			检测结果	平均值	
	10 号	30 号	40 号			
针入度（25℃，100g，5s）1/10mm	10～25	26～35	36～50	23.0	23.0	
				22.7		
				23.4		
延度（25℃，5cm/min）cm，不小于	1.5	2.5	3.5	1.9	2.0	
				2.0		
				2.2		
软化点℃，不小于	95	75	60	97.5	98.0	
				98.0		
				98.0		
检测依据	GB/T 4507—1999《沥青软化点测定法（环球法）》 GB/T 4508—2010《沥青延度测定法》 GB/T 4509—2010《沥青针入度测定法》					
评定依据	GB/T 494—2010《建筑石油沥青》					
结　论	所检项目结果符合 GB/T 494—2010《建筑石油沥青》规定的 10 号沥青技术要求					
备　注						

复核：　　　　　　　　　　　　　　　　　　　　　　　　　检测：

回弹法混凝土抗压强度检测记录

委托编号：__JL2013-HT-001__　　记录编号：__2013-HT-001__　　状态描述：__样品无影响试验结果的缺陷__

构件尺寸：__400×200×2800__　委托日期：__2013__ 年 __05__ 月 __01__ 日　记录日期：__2013__ 年 __05__ 月 __01__ 日

浇筑日期：__2013__ 年 __04__ 月 __01__ 日　浇筑方法：__泵送__　　　检测环境：__25℃__

强度等级：__C30__　　　　　回弹结构或构件名称：__一层 3/B 轴柱__

区号	回弹值																	碳化深度 mm				强度换算值 MPa
	1	2	3	4	5	6	7	8	9	10	11	12	13	14	15	16	R_m	单个值		测区	构件	
1	36	33	39	35	42	35	36	39	36	38	35	38	37	34	35	40	36.5	3.00	3.00	3.25	3.0		32.9
2	39	35	36	39	40	42	35	37	38	39	40	35	44	35	43	39	37.9	3.00	3.00	3.00	3.0		35.9
3	41	39	40	35	37	38	36	37	35	39	40	35	36	35	38	35	37.0	3.00	3.25	3.00	3.0		33.7
4	36	38	39	34	35	36	37	35	34	35	38	35	34	36	35	33	35.4	3.00	3.25	3.00	3.0		31.0
5	36	38	39	35	36	35	36	37	35	39	34	35	36	39	44	37	36.5	3.00	3.00	3.00	3.0	3.0	32.9
6	36	33	39	35	42	35	36	39	36	38	35	38	37	34	35	40	36.5	3.00	3.00	3.00	3.0		32.9
7	39	35	36	39	40	42	35	37	38	39	40	35	44	35	43	39	37.9	3.00	3.25	3.05	3.0		35.9
8	41	39	40	35	37	38	36	37	35	39	40	35	36	35	38	35	37.0	3.00	3.25	3.00	3.0		33.7
9	36	38	39	34	35	36	37	35	34	35	38	35	34	36	35	33	35.4	3.00	3.25	3.05	3.0		31.0
10	36	38	39	35	36	35	36	37	35	39	34	35	36	39	44	37	36.5	3.00	3.25	3.05	3.0		32.9

强度计算	$n=10$	$mf_{cu}^c = 33.3 \text{MPa}$	$sf_{cu}^c = 1.67 \text{MPa}$	$f_{cu,min}^c = 31.0 \text{MPa}$	$f_{cu,e} = 30.6 \text{MPa}$

检测依据	JGJ/T 23—2011《回弹法检测混凝土抗压强度技术规程》

测面状态	☑侧面　□表面　□底面　☑风干　□潮湿	回弹仪	型号：ZC3-A　　编号：0365
测试角度	☑水平　□向上　□向下　□角度：		率定值：80　　率定温度：19℃

备注	

审核：　　　　　　　　　　　　　　　　　　　　　　　　　　　检测：

电土试表 JCJL-025

钻芯法混凝土抗压强度检测记录

委托编号： WT2013-ZX-006　　　记录编号： JL2013-ZX-006　　　状态描述： 样品无影响试验结果的缺陷

委托日期： 2013 年 05 月 01 日　　检测日期： 2013 年 05 月 01 日

主要检测设备： 钻芯机、压力机　　　　　　　　　　　　　　检测环境： 20℃

钻芯构件名称			地下室 28/Q-N 轴剪力墙		端面补平材料及加工方法		锯切、磨平		
混凝土配合比			BG2013-HP-003		粗骨料品种、粒径		碎石、5～25mm		
强度等级			C25		钻芯位置及方向		水平		
含有钢筋的数量、直径和位置			无		检测类别		现场检测		
试样编号	成型日期	龄期 d	芯样平均直径 mm	芯样高度 mm	受压面积 mm²	检测结果			
						破坏荷重 kN	抗压强度 MPa	混凝土换算强度 MPa	混凝土强度推定值 MPa
1-1			99.5	101	7776	231.3	29.7	29.7	
1-2	2013.4.1	30	100.0	103	7854	228.5	29.1	29.1	27.9
1-3			100.5	101	7933	221.4	27.9	27.9	
检测依据	CECS 03:2007《钻芯法检测混凝土强度技术规程》
评定依据	CECS 03:2007《钻芯法检测混凝土强度技术规程》
结　论	该构件混凝土强度推定值为 27.9MPa
备　注	

复核：　　　　　　　　　　　　　　　　　　　　　　　　　　　检测：

后锚固承载力检测记录

委托编号：__WT2013-MGJ-001__   记录编号：__JL2013-MGL-001__   状态描述：__样品无影响试验结果的缺陷__

委托日期：__2013__ 年 __05__ 月 __01__ 日   记录日期：__2013__ 年 __05__ 月 __01__ 日

主要检测设备：__锚杆拉力计__   检测环境：__自然干燥__

序号	检测部位	植筋日期	代表数量	钢筋规格及种类	钻孔深度 mm	钻孔直径 mm	计算荷载 kN	检验荷载 kN	持荷时间 min	持荷后检验荷载 kN	破坏状态
1	A/B 轴柱子西侧							7.0	2	6.9	混凝土基体无裂缝，植筋无滑动
2	A/B 轴柱子西侧	2013.4.5	300根	HPB235、6.5	80	8	7.0	7.0	2	6.9	混凝土基体无裂缝，植筋无滑动
3	A/B 轴柱子西侧							7.0	2	6.8	混凝土基体无裂缝，植筋无滑动

检测依据	JGJ 145—2004《混凝土结构后锚固技术规程》
评定依据	JGJ 145—2004《混凝土结构后锚固技术规程》
结 论	所检项目结果符合计算荷载要求
备 注	

复核：   检测：

锚杆承载力检测记录

记录编号： JL2013-MG-001　　　　样品编号： DLJ1305016　　　　状态描述： 无影响试验结果的缺陷

委托日期： 2013 年 05 月 01 日　　　记录日期： 2013 年 05 月 01 日

主要检测设备： 锚杆拉力计　　　　　　　　　　　　　　　　检测环境： 25℃

检测地点	现场	型号规格	HPB235、20mm
锚杆数量	300 根	抽检组数	3 根
锚固长度	300mm		

检 验 结 果					
检测日期	桩　号	高程 m	单根抗拔力 kN	平均抗拔力 kN	备　注
2013.5.1	1 号	×××	66.0	66.0	
	4 号	×××	66.1		
	8 号	×××	66.0		

检测依据	GB 50086—2001《锚杆喷射混凝土支护技术规范》
评定依据	GB 50086—2001《锚杆喷射混凝土支护技术规范》
结　　论	所检项目结果符合设计要求
备　　注	

复核：　　　　　　　　　　　　　　　　　　　　　　　　　　　　　检测：

结构实体钢筋保护层厚度检测记录

委托编号：__WT2013-BH-001__　　　　记录编号：__JL2013-BH-001__　　　　状态描述：__构件平整、无污物__

委托日期：__2013__ 年 __05__ 月 __01__ 日　　　　检测日期：__2013__ 年 __05__ 月 __01__ 日

主要检测设备：__混凝土钢筋探测仪__　　　　　　　　　　　　　检测环境：__25℃__

工程名称	原阳城北 110kV 变电站				单位工程名称	主控楼				
构件类别	梁				检测类别	现场检测				
工程部位	构件型号及配筋	钢筋编号	钢筋公称直径 mm	钢筋保护层厚度设计值 mm	检测部位	保护层厚度检测值 mm				
						第1次检测值	第2次检测值	验证值	垫块厚度	平均值
8-9/B 轴梁	L1 梁，6φ25	1	25	25	梁中部	26	26		0	26
		2	25	25	梁中部	34	34	34	0	34
		3	25	25	梁中部	29	29		0	29
		4	25	25	梁中部	28	28		0	28
		5	25	25	梁中部	28	28	27	0	27
		6	25	25	梁中部	27	27		0	27
检测依据	JGJ/T 152—2008《混凝土中钢筋检测技术规程》 GB 50204—2002《混凝土结构工程施工质量验收规范》									
评定依据	GB50204—2002《混凝土结构工程施工质量验收规范》									
结　论	共检测 6 个点，合格 6 个点，合格率 100%，评为合格									
备　注	 L1梁配筋图									

复核：　　　　　　　　　　　　　　　　　　　　　　　　　　　　　检测：

饰面砖黏结强度检测记录

记录编号：JL2013-SZ-001   样品编号：DL13J-5-1   状态描述：无影响试验结果的缺陷

委托日期：2013 年 05 月 01 日   检测日期：2013 年 05 月 01 日

主要检测设备：瓷砖拉拔仪   检测环境：19℃

基体类型		混凝土			黏结剂		胶黏剂	
黏结材料		水泥砂浆			饰面砖品种及牌号		瓷质砖	
组号	抽样部位	混凝土龄期 d	试件尺寸 mm	黏结力 kN	黏结强度 MPa		破坏状态	备注
					单个值	平均值		
1	一层 6/C-D 轴外墙	/	95×45	2.31	0.5	0.4	黏结层为主断开	
	一层 6/C-D 轴外墙	/	95×45	1.74	0.4		黏结层与找平层界面为主断开	
	一层 6/C-D 轴外墙	/	95×45	1.80	0.4		饰面砖与黏结层为主断开	

检测依据	JGJ 110—2008《建筑工程饰面砖黏结强度检验标准》
评定依据	JGJ 110—2008《建筑工程饰面砖黏结强度检验标准》
结　　论	所检试件符合标准要求
备　　注	

复核：   检测：

212

电土试表 JCJL-030

混凝土结构构件性能检测记录

委托编号：__WT2013-JZ-01__　　　记录编号：__JL2013-JZ-01__　　　试件规格、型号：__YKBa3361__

主要检测设备：__百分表、磁力支座__　　检测日期：__2013__ 年 __05__ 月 __01__ 日　　检测环境：__25℃__

外形及材料信息

项目	外形尺寸 长×宽×厚 mm	保护层厚 mm	构件自重 kN
设计	3300×600×120	10	1.81
实测	3220×600×120	10	1.81

项目	主筋规格数量	混凝土强度 MPa	标准荷载 N/m²
设计	10φ5	C30	6.17
实测	10φ5	C30	6.17

荷载与测点记录

荷载级数	加载时间	加载值	累计值	测读时间	测点号 V1 仪器号 0080206 读数	读数差	累计	测点号 V3 仪器号 S01723 读数	读数差	累计	测点号 V4 仪器号 S01841 读数	读数差	累计	测点号 V2 仪器号 86006 读数	读数差	累计	实测挠度 mm	备注
1	12	−1.10	2.37	8:00	9.00	0	0	1.07	0	0	0.47	0	0	8.94	0	0	0	轮空
2	13	1.26	4.73	8:13	8.81	0.19	0.19	1.74	0.67	0.67	0.81	0.34	0.34	8.71	0.20	0.20	0.30	
3	14	2.37	7.10	8:27	8.54	0.27	0.46	2.01	0.27	0.94	1.47	0.66	1.00	8.57	0.17	0.37	0.55	
4	14	2.36	9.46	8:41	8.37	0.17	0.63	3.14	1.13	2.07	2.97	1.50	2.50	8.20	0.37	0.74	1.66	
5	30	2.37	11.83	9:11	8.01	0.36	0.99	4.57	1.43	3.50	4.31	1.34	3.84	7.98	0.22	0.96	2.69	挠度检验
6	12	1.18	13.01	9:23	7.64	0.37	1.36	4.99	0.42	3.92	4.67	0.36	4.20	7.59	0.77	1.35	2.70	
7	13	0.59	13.60	9:36	7.31	0.33	1.69	5.67	0.68	4.60	5.10	0.43	4.63	7.11	0.48	1.83	2.86	
8	13	0.71	14.31	9:49	7.01	0.33	1.99	5.99	0.32	4.92	5.47	0.37	5.00	6.96	0.15	1.98	2.98	抗裂预检
9	12	1.19	15.50	10:01	6.81	0.20	2.19	6.21	0.22	5.14	5.89	0.42	5.42	6.74	0.22	2.20	3.08	抗裂检验
10	12	1.18	16.68	10:13	6.39	0.42	2.61	6.87	0.66	5.80	6.24	0.35	5.77	6.41	0.33	2.53	3.21	
11	15	1.18	17.86	10:28	6.00	0.39	3.00	7.39	0.52	6.32	6.81	0.57	6.34	5.84	0.57	3.10	3.28	
12	14	1.19	19.05	10:42	5.74	0.26	3.26	7.81	0.42	6.74	7.49	0.68	7.02	5.63	0.21	3.31	3.60	
13	14	1.08	20.13	10:56	5.31	0.43	3.69	8.47	0.66	7.40	7.88	0.39	7.41	5.27	0.36	3.67	3.72	
14	13	0.74	20.87	11:09	5.00	0.31	4.00	8.81	0.34	7.74	8.37	0.46	7.87	4.92	0.35	4.02	3.80	
15	13	0.75	21.62	11:22	4.21	0.79	4.79	9.94	1.13	8.87	9.99	1.65	9.52	3.99	0.93	4.95	4.32	出现裂缝 0.05
16	12	0.74	22.36	11:34														
17	14	0.75	23.11	11:48														斜裂纹破坏 K=1.5

加荷简图，仪表位置及编号：

（简支梁，测点自左至右：V1　V3　V4　V2）

裂缝情况及破坏特征：

（板面、板侧、板底、板侧）

构件在 15 级荷载结束后开裂，开裂荷载取 15 级，其抗裂检验系数为 1.83；

构件于 17 级腹部斜裂纹到 1.50mm

检测依据	结论
GB 50204—2002《混凝土结构工程施工质量验收规范（2010版）》	样品经检测符合规范要求

复核：　　　　　　　　　　　　　　　　　　　　　　　　检测：

__大理石地面__ 防滑性能检测记录

记录编号：__JL2013-SZ-001__ 样品编号：__DL13J-5-1__ 状态描述：__无影响检测结果的缺陷__

委托日期：__2013__ 年 __05__ 月 __01__ 日 检测日期：__2013__ 年 __05__ 月 __01__ 日

主要检测设备：__水平拉力计__ 检测环境：__19℃__

样品名称			×××面砖			规格 mm		500×500
（面层）材料种类			大理石			代表数量 m²		150
质量等级			××			防滑等级		安全
状态描述			完好			检测地点		现场（或试验室）

		检测次数	1	2	3	4	重块+滑块质量 N	
防滑系数校正	干态检测前	拉力 N	41.4	41.5	41.5	41.6	56.2	
		校准值	0.74					
	干态检测后	拉力 N	41.5	41.6	41.6	41.6	56.1	
		校准值	0.74					
	湿态检测前	拉力 N	41.7	41.6	41.7	41.6	56.1	
		校准值	0.74					
	湿态检测后	拉力 N	/	/	/	/	/	
		校准值	/	/	/	/		

		检测次数	1	2	3	4	防滑系数	
							单个样品	平均值
防滑系数	干态表面检测	第一样品拉力 N	43.8	44.3	43.7	43.5	0.78	
		第二样品拉力 N	42.6	43.1	43.7	42.3	0.76	0.77
		第三样品拉力 N	43.1	42.7	43.0	43.9	0.77	
	湿态表面检测	第一样品拉力 N	39.2	40.6	39.5	39.7	0.71	
		第二样品拉力 N	39.8	40.5	39.2	39.0	0.70	0.70
		第三样品拉力 N	38.9	40.5	38.0	40.2	0.70	

检测依据	JC/T 1050—2007《地面石材防滑性能等级划分及试验方法》
评定依据	JC/T 1050—2007《地面石材防滑性能等级划分及试验方法》
结 论	所检地面防滑等级符合标准要求
备 注	

复核： 检测：

砂石碱活性检测记录（砂浆长度法）

记录编号：JL2013-JH-001　　　　样品编号：DLES1305041　　　　状态描述：样品无影响试验结果的缺陷

委托日期：2013 年 05 月 04 日　　记录日期：2013 年 05 月 05 日

主要检测设备：胶砂搅拌机、测长仪　　　　　　　　　　　　检测环境：19℃

产地	辉县		进场日期	2013.04.29	取样日期	2013.04.30
品种	碎石		检测日期	2013.05.05	取样地点	现场
规格	2～25mm		标准杆长度 mm	300		
试件成型后编号	1305041		水泥碱含量 %	1.2%		

筛孔尺寸 mm	0.16～0.315	0.315～0.63	0.63～1.25	1.25～2.50	2.50～5.0
砂用量 g	148.5	247.5	247.5	247.5	99.0
水泥用量 g	440	用水量 mL	160	10%NaOH g	6.5

测量日期	龄期 d	编号	基准长度 mm	测头长度 Δ mm		基准长度 mm	龄期长度 L_t mm		试件膨胀率 ε_t % 单值	平均值
2013.5.6	1	1	1.95	4.08 / 4.08	2.13					
		2		4.41 / 4.41	2.46					
		3		4.02 / 4.02	2.07					
2013.5.21	14	1	1.95				4.42 / 4.42	2.18	0.018	0.015
		2					4.74 / 4.74	2.50	0.014	
		3					4.35 / 4.35	2.11	0.014	
2013.6.5	31	1	/	/		2.33	4.56 / 4.56	2.23	0.036	0.032
		2		/			4.87 / 4.87	2.54	0.029	
		3		/			4.49 / 4.49	2.16	0.032	

使用前		使用后	
检测依据	JGJ 52—2006《普通混凝土用砂、石质量及检验方法标准》		
评定依据	JGJ 52—2006《普通混凝土用砂、石质量及检验方法标准》		
结　论	所检结果符合标准规定的技术要求		
备　注			

复核：　　　　　　　　　　　　　　　　　　　　　　　检测：

3 土建工程检测报告

水 泥 检 测 报 告

委托编号： <u>WT2013-SN-001</u>　　　记录编号： <u>1JL2013-SN-001</u>　　　报告编号： <u>BG2013-SN-001</u>

委托日期： <u>2013</u> 年 <u>03</u> 月 <u>04</u> 日　　　检测日期： <u>2013</u> 年 <u>03</u> 月 <u>05</u> 日　　　报告日期： <u>2013</u> 年 <u>04</u> 月 <u>05</u> 日

委托单位： <u>×××××××</u>　　　工程名称： <u>×××××××</u>

单位工程名称： <u>××××××××</u>

厂名、牌号		寿昌海螺水泥厂　海螺牌		出厂日期		2013.2.20
品种、强度等级		P.O42.5		出厂编号		×××××
进场日期		2013.2.25		取样日期		2013.3.3
代表数量 t		20		状态描述		水泥为散装水泥，无受潮结块现象
见证单位		×××××		见证人及证书编号		×××/×××××
取样人及证书编号		×××/×××××		送样人		×××

检测项目		技术要求	检测值					
细度（80μm 筛筛析法）%		≤10	3.2					
比表面积 m²/kg		≥300	425					
标准稠度用水量 %		/	27.8					
凝结时间 min	初凝	≥45	128					
	终凝	≤600	195					
安定性	标准法	≤5.0mm	2.5					
	代用法	合格	试饼无裂缝及弯曲现象					
胶砂流动度 mm		/	196					
密度 g/cm³		/	3.06					
抗压强度 MPa	3d	≥17.0	单个值	27.5	26.8	26.3	27.0	26.0	27.1
			平均值	26.8					
	28d	≥42.5	单个值	47.5	48.2	47.6	48.0	46.9	47.5
			平均值	47.6					
抗折强度 MPa	3d	≥3.5	单个值	5.8		6.0		5.9
			平均值	5.9					
	28d	≥6.5	单个值	8.7		8.9		8.6
			平均值	8.7					

检测依据	GB/T 1346—2011《水泥标准稠度用水量、凝结时间、安定性检验方法》 GB/T 17671—1999《水泥胶砂强度检验方法（ISO 法）》 GB/T 8074—2008《水泥比表面积测定方法　勃氏法》
评定依据	GB 175—2007《通用硅酸盐水泥》
结　论	依据 GB 175—2007《通用硅酸盐水泥》，所检指标符合 P.O42.5 标准要求
备　注	1. 本报告无本单位检测或试验报告专用章无效； 2. 本报告无检测或试验人、审核人、批准人签名无效； 3. 本报告涂改无效； 4. 复制报告未重新盖本单位检测或试验报告专用章无效。

检测单位（章）：　　　　批准：　　　　审核：　　　　检测：

检测单位地址：

联系电话：

建 设 用 砂 检 测 报 告

委托编号：<u>WT2013-SZ-001</u>　　　记录编号：<u>JL2013-SZ-001</u>　　　报告编号：<u>BG2013-SZ-001</u>

委托日期：<u>2013</u> 年 <u>05</u> 月 <u>11</u> 日　　检测日期：<u>2013</u> 年 <u>05</u> 月 <u>11</u> 日　　报告日期：<u>2013</u> 年 <u>05</u> 月 <u>17</u> 日

委托单位：<u>×××××××</u>　　　工程名称：<u>×××××××</u>

单位工程名称：<u>×××××××</u>

品　种	河砂	产　地	×××	代表数量 m^3		350
规　格	中砂			状态描述		正常
见证单位	×××××××			见证人及证书编号		×××/×××××
取样人及证书编号	×××/×××××			送样人		×××

试验项目		技 术 要 求				测 试 值
细度模数		特细砂	细砂	中砂	粗砂	2.3
		1.5～0.7	2.2～1.6	3.0～2.3	3.7～3.1	
颗粒级配		Ⅰ区	Ⅱ区		Ⅲ区	符合Ⅲ级配区
筛分析	累计筛余 %	10.0mm	0	0	0	0
		5.00mm	10～0	10～0	10～0	0
		2.50mm	35～5	25～0	15～0	4
		1.25mm	65～35	50～10	25～0	16
		630 μm	85～71	70～41	40～16	33
		315 μm	95～80	92～70	85～55	77
		160 μm	100～90	100～90	100～90	98

试验项目	技术要求	测试值	试验项目	技术要求	测试值
表观密度 kg/m^3	/	2560	泥块含量 %	≤1.0	0.2
堆积密度 kg/m^3	/	1460	坚固性 %	≤8	4
亚甲蓝试验	/	/	氯离子含量 %	≤0.06	0.013
含泥量（石粉含量） %	≤3.0	1.8	硫酸盐、硫化物 %	≤1.0	0.18

检测依据	JGJ 52—2006《普通混凝土用砂、石质量及检验方法标准》
评定依据	JGJ 52—2006《普通混凝土用砂、石质量及检验方法标准》
结　论	依据 JGJ 52—2006《普通混凝土用砂、石质量及检验方法标准》标准，此砂为中砂，颗粒级配属Ⅲ区，用于强度等级不大于 C55 的混凝土
备　注	1．本报告无本单位检测或试验报告专用章无效； 2．本报告无检测或试验人、审核人、批准人签名无效； 3．本报告涂改无效； 4．复制报告未重新盖本单位检测或试验报告专用章无效。

检测单位（章）：　　　　批准：　　　　审核：　　　　检测：

检测单位地址：

联系电话：

建设用石检测报告

委托编号： WT2013-SS-001　　　　记录编号： JL2013-SS-001　　　　报告编号： BG2013-SS-001

委托日期： 2013 年 05 月 13 日　　检测日期： 2013 年 05 月 13 日　　报告日期： 2013 年 05 月 30 日

委托单位： ××××××××　　　　工程名称： ××××××××

单位工程名称： ××××××××

品　　种	碎石	产　　地	×××	代表数量 m³		400
规　格 mm	16～31.5		状态描述		正常	
见证单位	×××		见证人及证书编号		×××/×××××	
取样人及证书编号	×××/×××××		送样人		×××	

试验项目			技 术 要 求	累计筛余 %
颗粒级配	16～31.5 mm 单粒级	公称粒级 mm		
		50.0	/	0
		40.0	0	0
		31.5	0～10	3
		25.0	/	29
		20.0	/	70
		16.0	85～100	87
		10.0	/	99
		5.0	95～100	100
		2.5	/	100

试验项目	标准值	测试值	试验项目	标准值	测试值
表观密度 kg/m³	/	2650	压碎指标值 %	≤10	8
含泥量 %	≤1.0	0.6	坚固性 %	≤8	3
泥块含量 %	≤0.5	0.0	/	/	/
针、片状颗粒含量 %	≤15	4	/	/	/

检验依据	JGJ 52—2006《普通混凝土用砂、石质量及检验方法标准》
评定依据	JGJ 52—2006《普通混凝土用砂、石质量及检验方法标准》
结　　论	依据 JGJ 52—2006《普通混凝土用砂、石质量及检验方法标准》标准，颗粒级配符合 16～31.5（mm）单粒级，用于强度等级不大于 C55 的混凝土
备　　注	1．本报告无本单位检测或试验报告专用章无效； 2．本报告无检测或试验人、审核人、批准人签名无效； 3．本报告涂改无效； 4．复制报告未重新盖本单位检测或试验报告专用章无效。

检测单位（章）：　　　　批准：　　　　审核：　　　　试验：

检测单位地址：

联系电话：

粉 煤 灰 检 测 报 告

委托编号：__WT2013-FM-001__   记录编号：__JL2013-FM-001__   报告编号：__BG2013-FM-001__

委托日期：_2013_年_03_月_04_日   检测日期：_2013_年_03_月_05_日   报告日期：_2013_年_03_月_15_日

委托单位：__×××××××__   工程名称：__×××××××××__

单位工程名称：__×××××××××__

生产厂家	北仑电厂	粉煤灰类别、等级	F 类 II 级灰
出厂批号	×××××	出厂日期	2013.2.22
代表数量 t	50	取样日期	2013.3.4
取样地点	现场	状态描述	正常
见证单位	×××××	见证人及证书编号	×××/×××××
取样人及证书编号	×××/×××××	送样人	×××

检 测 项 目		技 术 要 求			检 测 值
		I 级	II 级	III 级	
细度（0.045mm 方孔筛余） %，≤	F 类粉煤灰	12	25	45	21.2
	C 类粉煤灰				
烧失量 %，≤	F 类粉煤灰	5.0	8.0	15.0	5.6
	C 类粉煤灰				
需水量比 %，≤	F 类粉煤灰	95	105	115	102
	C 类粉煤灰				
安定性（雷氏夹法） mm，≤	C 类粉煤灰	/			/
含水量 %，≤	F 类粉煤灰	1.0			0.2
	C 类粉煤灰				
三氧化硫含量 %，≤	F 类粉煤灰	3.0			1.03
	C 类粉煤灰				
游离氧化钙 %，≤	F 类粉煤灰	1.0			0.52
	C 类粉煤灰	4.0			
检测依据	GB/T 1596—2005《用于水泥和混凝土中的粉煤灰》 GB/T 176—2008《水泥化学分析方法》				
评定依据	GB/T 1596—2005《用于水泥和混凝土中的粉煤灰》				
结　　论	依据 GB/T 1596—2005《用于水泥和混凝土中的粉煤灰》，所检项目符合 F 类 II 级灰技术要求				
备　　注	1. 本报告无本单位检测或试验报告专用章无效； 2. 本报告无检测或试验人、审核人、批准人签名无效； 3. 本报告涂改无效； 4. 复制报告未重新盖本单位检测或试验报告专用章无效。				

检测单位（章）：　　　　　批准：　　　　　审核：　　　　　检测：

检测单位地址：

联系电话：

蒸压灰砂　砖检测报告

委托编号：　WT2013-ZZ-001　　　　记录编号：　JL2013-ZZ-001　　　　报告编号：　BG2013-ZZ-001

委托日期：××××年××月××日　　检测日期：××××年××月××日　报告日期：××××年××月××日

委托单位：××省第N建设集团有限公司　工程名称：××省××电厂×期×号机"上大压小"扩建工程

单位工程名称：　×××　　　　　　　　工程部位：　×××

种类	蒸压灰砂砖		生产厂家	××新型墙体材料有限公司	
规格 mm	240×115×53		合格证编号	×××××	
强度等级	MU10		代表数量	10万块	
进场日期	××××.××.××		状态描述	完好	
见证单位	××省××建设监理有限公司		见证人及证书编号	×××/×电第××号	
取样人及证书编号	×××/×电第××号		送样人	×××	

项目	抗压强度			抗折强度			体积密度 kg/m³
	平均值 MPa	变异 系数	标准值 MPa	最小值 MPa	平均值 MPa	最小值 MPa	
技术要求	≥10.0	/	/	≥8.0	≥2.5	≥2.0	/
检测值	12.6	/	/	10.9	3.1	2.4	/

检测依据	GB 11945—1999《蒸压灰砂砖》 GB/T 2542—2012《砌墙砖试验方法》
评定依据	GB 11945—1999《蒸压灰砂砖》
结　论	依据 GB 11945—1999《蒸压灰砂砖》，以上所检项目，符合MU10级蒸压灰砂砖要求
备　注	1. 本报告无本单位检测或试验报告专用章无效； 2. 本报告无检测或试验人、审核人、批准人签名无效； 3. 本报告涂改无效； 4. 复制报告未重新盖本单位检测或试验报告专用章无效。

检测单位（章）：　　　　　批准：　　　　　审核：　　　　　检测：

检测单位地址：

联系电话：

普通混凝土小型空心 砌块检测报告

委托编号：__WT2013-QK-001__ 记录编号：__JL2013-QK-001__ 报告编号：__BG2013-QK-001__

委托日期：××××年××月××日 检测日期：××××年××月××日 报告日期：××××年××月××日

委托单位：××省第N建设集团有限公司 工程名称：××省××电厂×期×号机"上大压小"扩建工程

单位工程名称：×××工程 工程部位：×××

种类	普通混凝土小型空心砌块			生产厂家		××新型墙体材料有限公司	
规格 mm	390×190×190			合格证编号及代表数量		××××	
强度等级	MU15.0			密度等级		/	
进场日期	××××.××.××			状态描述		完好	
见证单位	××省××建设监理有限公司			见证人及证书编号		×××/×电第××号	
取样人及证书编号	×××/×电第××号				送样人		
项目	抗压强度 MPa				密度 kg/m³		
技术要求	单组最小值		平均值		平均值		
	≥12.0		≥15.0		/		
检测值	/	12.6	18.3		/		/
	/				/		
					/		
检测依据	GB 8239—1997《普通混凝土小型空心砌块》 GB/T 4111—1997《混凝土小型空心砌块试验方法》						
评定依据	GB 8239—1997《普通混凝土小型空心砌块》						
结 论	依据 GB 8239—1997《普通混凝土小型空心砌块》，以上所检项目，尺寸偏差和外观质量符合合格品，强度符合 MU15.0 级普通混凝土小型空心砌块要求						
备 注	1. 本报告无本单位检测或试验报告专用章无效； 2. 本报告无检测或试验人、审核人、批准人签名无效； 3. 本报告涂改无效； 4. 复制报告未重新盖本单位检测或试验报告专用章无效。						

检测单位（章）： 批准： 审核： 检测：

检测单位地址：

联系电话：

钢筋（材）检测报告

委托编号：___WT2013-GJ-001___　　记录编号：___JL2013-GJ-001___　　报告编号：___BG2013-GJ-001___

委托日期：__2013_年_01_月_01_日　　检测日期：__2013_年_01_月_01_日　　报告日期：__2013_年_01_月_01_日

委托单位：××省第N建设集团有限公司　　工程名称：××省××电厂×期×号机"上大压小"扩建工程

单位工程名称：___×××工程___

钢筋（材）种类	普通热轧钢筋	代表数量 t	×××
牌号	HRB335	钢筋（材）直径（规格） mm	18
生产厂家	×××	供货单位	×××
质保书编号	×××	炉（批）号	×××
进场日期	××××.××.××	状态描述	完好
见证单位	××省××建设监理有限公司	见证人及证书编号	×××/×电第××号
取样人及证书编号	×××/×电第××号	送样人	×××

试验项目	力 学 性 能						弯曲性能	质量偏差 %
	屈服强度 R_{eL} MPa	抗拉强度 R_m MPa	伸长率 A %	最大力下伸长率 A_{gt} %	强屈比 R_m^o / R_{eL}^o	超强比 R_{eL}^o / R_{eL}	$d=3\alpha$ $\alpha=180°$	
技术要求	不小于					不大于	合　格	±5
	335	455	17	7.5	1.25	1.30		
检测值 1	365	564	27	18.3	1.48	1.14	合格	−3
2	368	566	28	19.3	1.48	1.14	合格	
/	/	/	/	/	/	/	/	
/	/	/	/	/	/	/	/	
/	/	/	/	/	/	/	/	

检测依据	GB/T228.1—2010《金属材料室温拉伸试验方法》 GB/T 232—2010《金属材料弯曲试验方法》
评定依据	GB 1499.2—2007《钢筋混凝土用钢 第2部分：热轧带肋钢筋》
结　论	依据 GB 1499.2—2007《钢筋混凝土用钢 第2部分：热轧带肋钢筋》，所检项目符合 HRB335 钢筋技术要求
备　注	1．本报告无本单位检测或试验报告专用章无效； 2．本报告无检测或试验人、审核人、批准人签名无效； 3．本报告涂改无效； 4．复制报告未重新盖本单位检测或试验报告专用章无效。

检测单位（章）：　　　　批准：　　　　审核：　　　　检测：

检测单位地址：

联系电话：

钢筋（材）焊接检测报告

委托编号： __WT2013-GH-0__ 　　　　记录编号： __JL2013-GH-001__ 　　　　报告编号： __BG2013-GH-001__

委托日期： __2013__ 年 __01__ 月 __01__ 日 　　检测日期： __2013__ 年 __01__ 月 __01__ 日 　报告日期： __2013__ 年 __01__ 月 __01__ 日

委托单位：__××省第 N 建设集团有限公司__　工程名称：__××省××电厂×期×号机"上大压小"扩建工程__

单位工程名称：__1 号备品备件库工程__ 　　　　工程部位：__二层柱__

检测种类	抽样	试件代表数量报	158
钢筋种类	热轧带肋	钢筋牌号	HRB335
焊工姓名	×××	钢筋公称直径 mm	28
焊工上岗证号	粤 A043010	焊接方法、接头形式	闪光对焊、对接
钢筋原材报告编号	×××	状态描述	完好
见证单位	××省××建设监理有限公司	见证人及证书编号	×××/×电第××号
取样人及证书编号	×××/×电第××号	送样人	×××

试样编号	拉伸试验			弯曲试验	
	抗拉强度 MPa	断口距焊缝长度 mm	断裂特征	弯心直径：5α	弯曲角度：90°
1	575	56	延性断裂	合格	
2	565	91	延性断裂	合格	
3	570	73	延性断裂	合格	
/	/	/	/	/	
/	/	/	/	/	
/	/	/	/	/	

检测依据	JGJ/T 27—2001《钢筋焊接接头试验方法标准》
评定依据	JGJ 18—2012《钢筋焊接及验收规程》
结　论	依据 JGJ 18—2012《钢筋焊接及验收规程》，以上所检项目符合 HRB335 闪光对焊技术要求
备　注	1. 本报告无本单位检测或试验报告专用章无效； 2. 本报告无检测或试验人、审核人、批准人签名无效； 3. 本报告涂改无效； 4. 复制报告未重新盖本单位检测或试验报告专用章无效。

检测单位（章）：　　　　批准：　　　　审核：　　　　检测：

检测单位地址：

联系电话：

钢筋机械连接检测报告

委托编号：__WT2013-GL-001__　　　　记录编号：__JL2013-GL-001__　　　报告编号：__BG2013-GL-001__

委托日期：_2013_ 年 _01_ 月 _01_ 日　　检测日期：_2013_ 年 _01_ 月 _01_ 日　报告日期：_2013_ 年 _01_ 月 _01_ 日

委托单位：__××省第 N 建设集团有限公司__　工程名称：__××省××电厂×期×号机"上大压小"扩建工程__

单位工程名称：__××××工程__　　　　　　工程部位：__××××__

检测种类	工艺检验	试件代表数量 根	198
钢筋种类	热轧带肋	钢筋牌号	HRB400
连接人姓名	×××	钢筋公称直径 mm	32
上岗证编号	×××	连接方法及接头等级	滚轧直螺纹连接接头Ⅰ级
钢筋原材报告编号	0000-00-00-000	状态描述	完好
见证单位	××省××建设监理有限公司	见证人及证书编号	×××/×电第××号
取样人及证书编号	×××/×电第××号	送样人	×××

试样编号	抗拉强度 MPa	残余变形 mm		断口距套筒长度 mm	破坏形态
		单值	平均值		
1	610	0.10		82	母材拉断
2	625	0.08	0.09	105	母材拉断
3	615	0.09		120	母材拉断
/	/	/		/	/
/	/	/	/	/	/
/	/	/		/	/

检测依据	GB/T 228.1—2010《金属材料室温拉伸试验方法》
评定依据	JGJ 107—2010《钢筋机械连接技术规程》
结　论	依据 JGJ 107—2010《钢筋机械连接技术规程》，以上所检项目符合机械连接Ⅰ级接头技术要求
备　注	1．本报告无本单位检测或试验报告专用章无效； 2．本报告无检测或试验人、审核人、批准人签名无效； 3．本报告涂改无效； 4．复制报告未重新盖本单位检测或试验报告专用章无效。

检测单位（章）：　　　　批准：　　　　　审核：　　　　　检测：

检测单位地址：

联系电话：

土壤击实试验报告

委托编号：WT2013-JS-001　　　　记录编号：JL2013-JS-001　　　　报告编号：BG2013-JS-001

委托日期：2013 年 05 月 06 日　　　试验日期：2013 年 05 月 06 日　　　报告日期：2013 年 05 月 10 日

委托单位：×××××××　　　　　工程名称：×××××××

单位工程名称：×××××××

土壤类别		三七灰土		击实类别		重型击实
状态描述			正常			
见证单位		×××××××		见证人及证书编号		×××/×××××
取样人及证书编号		×××/×××××		送样人		×××

试样编号	湿密度 g/cm³	含水率 %	干密度 g/cm³	最优含水率 %	最大干密度 g/cm³
1	1.83	17.2	1.56		
2	1.91	18.4	1.61		
3	2.00	19.6	1.67	19.6	1.67
4	1.96	20.5	1.63		
5	1.92	21.7	1.58		

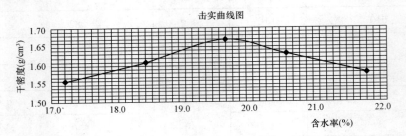

击实曲线图

依据标准	GB/T 50123—1999《土工试验方法标准》
备 注	1. 本报告无本单位检测或试验报告专用章无效； 2. 本报告无检测或试验人、审核人、批准人签名无效； 3. 本报告涂改无效； 4. 复制报告未重新盖本单位检测或试验报告专用章无效。

检测单位（章）：　　　　批准：　　　　审核：　　　　试验：

检测单位地址：

联系电话：

回填土检测报告

委托编号： WT2013-HT-0001　　　　记录编号： JL2013-HT-0001　　　　报告编号： BG2013-HT-0001

委托日期： 2013 年 05 月 13 日　　　检测日期： 2013 年 05 月 13 日　　报告日期： 2013 年 05 月 13 日

委托单位： ××××××××　　　　　工程名称： ××××××××

单位工程名称： ××××××××　　　工程部位： 基础 A 轴至 D 轴/1～17 轴 154.2～154.5m 高程

土壤类别	三七灰土	密度试验方法	环刀法
压实机械	振动碾	击实报告编号	JS2013-0001
最大密度 g/m³	2.27	最优含水率 %	5.0
设计压实系数	≥0.97	状态描述	正常
回填面积/长度 m²/m	133	试样数量 组	3
见证单位	××××××××	见证人及证书编号	×××/×××××
取样人及证书编号	×××/×××××	送样人	×××

取样标高及平面布置图：
154.2～154.5m

试样编号	含水率 %	干密度 g/cm³	压实系数	试样编号	含水率 %	干密度 g/cm³	压实系数
001	18.4	1.65	0.99	002	18.5	1.64	0.98
003	18.0	1.64	0.98	/	/	/	/
/	/	/	/	/	/	/	/
/	/	/	/	/	/	/	/

检测依据	GB/T 50123—2009《土工试验方法标准》
评定依据	设计要求
结　论	压实系数符合设计要求
备　注	1. 本报告无本单位检测或试验报告专用章无效； 2. 本报告无检测或试验人、审核人、批准人签名无效； 3. 本报告涂改无效； 4. 复制报告未重新盖本单位检测或试验报告专用章无效。

检测单位（章）：　　　批准：　　　审核：　　　检测：

检测单位地址：

联系电话：

混凝土配合比设计报告

委托编号： WT2013-HPS-001　　　　记录编号： JL2013-HPS-001　　　　报告编号： BG2013-HPS-01

委托日期： 2013 年 03 月 01 日　　　设计日期： 2013 年 03 月 02 日　　　报告日期： 2013 年 04 月 15 日

委托单位： ××××××××　　　　　工程名称： ××××××××

单位工程名称： ××××××××

强度等级	C30	抗渗等级	P8	抗冻等级	F100	要求坍落度 mm	50～70
水泥品种/等级	P.O42.5	生产厂家	××××	出厂日期	2013.2.4	报告编号	×××××
砂种类	河砂	产地	××××	规格	中砂	报告编号	×××××
石种类	碎石	产地	××××	规格 mm	5～31.5	报告编号	×××××
掺合料名称	粉煤灰	生产厂家	××××	类别、等级	F类Ⅱ级灰	报告编号	×××××
掺合料名称	/	生产厂家	/	类别、等级	/	报告编号	/
外加剂名称	高效减水剂	生产厂家	××××	型号	FDN-2000	报告编号	×××××
外加剂名称	/	生产厂家	/	型号	/	报告编号	/
试配强度 MPa	38.2	水胶比	0.47	砂率%	32	混凝土氯离子含量 %	/
每立方米材料用量 kg	水	水泥	砂	石	粉煤灰	高效减水剂	/
	152	258	574	1286	65	2.42	/
配合比（质量比）	0.59	1	2.22	4.98	0.25	0.009	/

试验依据　JGJ 55—2011《普通混凝土配合比设计规程》

说　明

1. 现场混凝土拌和时，应根据骨料实际含水量情况调整砂、石、水用量；
2. 混凝土拌和时，应严格控制坍落度，不可随意加水，扩大水灰比；
3. 水泥、外加剂或掺合料等原材料品种、质量有显著变化时，应重新进行配合比设计。

备　注

1. 本报告无本单位检测报告专用章无效；
2. 本报告无设计人、审核人、批准人签名无效；
3. 本报告涂改无效；
4. 复制报告未重新盖本单位检测报告专用章无效。

检测单位（章）：　　　　批准：　　　　审核：　　　　设计：

检测单位地址：

联系电话：

混凝土拌和物性能检测报告

委托编号： WT2013-HBH-001　　　　记录编号： JL2013-HBH-001　　报告编号： BG2013-HBH-001

委托日期： 2013 年 05 月 13 日　　检测日期： 2013 年 05 月 13 日　报告日期： 2013 年 05 月 15 日

委托单位： ××××××××

工程名称： ××××××××××

单位工程名称： ×××××××× 　　　工程部位： ××××××××××

水泥厂名、牌号： ×××××××× 　强度等级： 42.5 　品种： P.O 　　检测报告编号： ×××

砂子产地： ××××××××　　　品种： 河砂 　规格： 中砂 　　检测报告编号： ×××

石子产地： ×××　　　　　　　品种： 碎石 　规格： 16～31.5mm 　检测报告编号： ×××

外加剂厂名： ×××　　　　　　名称型号： ×× 占水泥用量： 2.0 %　　检测报告编号： ×××

掺合料产地： ×××　　　　　　名称： 粉煤灰 占水泥用量： 15 %　　检测报告编号： ×××

强度等级： C40 　　　　　　　设计坍落度 ×× mm 水灰（胶）比： 0.52 　砂率： 38 %

见证单位： ××××××××　　　见证人及证书编号： ×××/×××××

取样人及证书编号： ×××/××× 　送样人： ××× 　　　　　状态描述： 正常

混凝土拌和物性能指标	
检验项目	检测值
表观密度 kg/m³	2430
泌水率 %	40
含气量 %	4.5
坍落度/扩展度 mm	120
维勃稠度 s	/
凝结时间 h：min　初凝	7:10
终凝	10:20
检测依据	GB/T 50080—2002《普通混凝土拌和物性能试验方法标准》
评定依据	/
结　　论	/
备　　注	1. 本报告无本单位检测或试验报告专用章无效； 2. 本报告无检测或试验人、审核人、批准人签名无效； 3. 本报告涂改无效； 4. 复制报告未重新盖本单位检测或试验报告专用章无效。

检测单位（章）：　　　　　批准：　　　　审核：　　　　检测：

检测单位地址：

联系电话：

标准养护混凝土抗压强度检测报告

委托编号： <u>WT2013-HKY-002</u>　　　记录编号： <u>JL2013-HKY-00</u>　　　报告编号： <u>BG2013-HKY-002</u>

委托日期： <u>2013</u> 年 <u>05</u> 月 <u>14</u> 日　　　检测日期： <u>2013</u> 年 <u>05</u> 月 <u>14</u> 日　　　报告日期： <u>2013</u> 年 <u>05</u> 月 <u>14</u> 日

委托单位： <u>×××××××</u>　　　　　　工程名称： <u>××××××××</u>

单位工程名称： <u>×××××××</u>　　　　工程部位： <u>××××××××</u>

强度等级		C15		状态描述		试件表面干净
配合比编号		BG2013-HPS-008		试件成型方法		机械
立方体试件边长 mm		150		石子最大粒径 mm		40
见证单位		×××××		见证人及证书编号		×××/×××××
取样人及证书编号		×××/×××××		送 样 人		×××

试件编号	成型日期	检测日期	龄期 d	抗压强度值 MPa	尺寸换算 系数	强度代表值 MPa
T-01	201.3.4.16	2013.5.14	28	18.5 17.9 18.3	1.0	18.2

检测依据	GB/T 50081—2002《普通混凝土力学性能试验方法标准》
备　　注	1. 本报告无本单位检测或试验报告专用章无效； 2. 本报告无检测或试验人、审核人、批准人签名无效； 3. 本报告涂改无效； 4. 复制报告未重新盖本单位检测或试验报告专用章无效。

检测单位（章）：　　　　　　批准：　　　　　　审核：　　　　　　检测：

检测单位地址：

联系电话：

同条件养护混凝土抗压强度检测报告

委托编号： WT2013-HKY-002　　　　记录编号： JL2013-HKY-00　　　　报告编号： BG2013-HKY-002

委托日期： 2013 年 05 月 14 日　　检测日期： 2013 年 05 月 14 日　　报告日期： 2013 年 05 月 14 日

委托单位： ××××××××　　　　工程名称： ××××××××

单位工程名称： ××××××××　　　工程部位： ××××××××

强度等级			C15	状态描述		试件表面干净
配合比编号			BG2013-HPS-008			
试件成型方法			机械	累计温度 ℃·d		602
立方体试件边长 mm			150	石子最大粒径 mm		40
见证单位			×××××	见证人及证书编号		×××/×××××
取样人及证书编号			×××/×××××	送样人		×××
试件编号	成型日期	检测日期	龄期 d	抗压强度值 MPa	尺寸换算系数	同条件折算系数	强度代表值 MPa
T-01	2013.4.10	2013.5.14	34	18.5	1.0	1.1	20.0
				17.9			
				18.3			
检测依据	GB/T 50081—2002《普通混凝土力学性能试验方法标准》 GB 50204—2002（2011 版）《混凝土结构工程施工质量验收规范》						
备注	1. 本报告无本单位检测或试验报告专用章无效； 2. 本报告无检测或试验人、审核人、批准人签名无效； 3. 本报告涂改无效； 4. 复制报告未重新盖本单位检测或试验报告专用章无效。						

检测单位（章）：　　　　　批准：　　　　　审核：　　　　　检测：

见证单位：　　　　　　　　见证：

检测单位地址：

联系电话：

填表说明：对同条件养护混凝土试块进行全过程见证取样检测时,检测过程须经见证人员见证，本报告须由见证人员签字确认。

混凝土抗折强度检测报告

委托编号：__WT2013-HKZ-001__ 记录编号：__JL2013-HKZ-001__ 报告编号：__BG2013-HKZ-001__

委托日期：_2013_年_05_月_13_日 检测日期：_2013_年_05_月_13_日 报告日期：_2013_年_05_月_13_日

委托单位：××××××× 工程名称：××××××××

单位工程名称：×××××××× 工程部位：××××××××

强度等级 MPa		F3.5		试件成型方法		机械		
配合比编号		BG2013-HPS-003		试件养护条件		标养		
试件尺寸 mm		150×150×550		状态描述		试件表面完好		
见证单位		×××××		见证人及证书编号		×××/×××××		
取样人及证书编号		×××/×××××		送样人		×××		
试件编号	成型日期	试验日期	龄期 d	抗折强度值 MPa		强度平均值 MPa	换算系数	强度代表值 MPa
TZ-001	2013.4.15	2013.5.13	28	4.5				
				4.3		4.3	1.0	4.3
				4.0				
检测依据	GB/T 50081—2002《普通混凝土力学性能试验方法标准》							
备 注	1. 本报告无本单位检测或试验报告专用章无效； 2. 本报告无检测或试验人、审核人、批准人签名无效； 3. 本报告涂改无效； 4. 复制报告未重新盖本单位检测或试验报告专用章无效。							

检测单位（章）：　　　　　批准：　　　　　审核：　　　　　检测：

检测单位地址：

联系电话：

混凝土抗冻检测报告

委托编号：　WT2013-HKD-001　　　　　记录编号：　JL2013-HKD-001　　　　　报告编号：　BG2013-HKD-001

委托日期：　2013 年 03 月 04 日　　　　检测日期：　2013 年 03 月 05 日　　　　报告日期：　2013 年 03 月 15 日

委托单位：　×××××××　　　　　　　工程名称：　×××××××

单位工程名称：　×××××××　　　　　　工程部位：　×××××××

强度及抗冻等级	C25 F50	试件规格 mm	100×100×400	
检测方法	快冻法	试件成型日期	2013.2.5	
配合比编号	BG2013-HPS-006	检测开始日期	2013.3.5	
检测完成日期	2013.3.12	状态描述	试件表面平整，无裂缝，缺角现象	
见证单位	×××××	见证人及证书编号	×××/×××××	
取样人及证书编号	×××/×××××	送样人	×××	
试件编号	检测项目		冻融次数（50）次	
			标准值	测试值
HD-2013-01	相对动弹性模量 %，≥		60	86.5
	质量损失率 %，≤		5	1.2
检测依据	GB/T 50082—2009《普通混凝土长期性能和耐久性能试验方法标准》			
评定依据	JGJ/T 193—2009《混凝土耐久性检验评定标准》			
结　　论	依据 JGJ/T 193—2009《混凝土耐久性检验评定标准》，该组试件抗冻性能满足设计要求			
备　　注	1. 本报告无本单位检测或试验报告专用章无效； 2. 本报告无检测或试验人、审核人、批准人签名无效； 3. 本报告涂改无效； 4. 复制报告未重新盖本单位检测或试验报告专用章无效。			

检测单位（章）：　　　　　批准：　　　　　审核：　　　　　检测：

检测单位地址：

联系电话：

电土试表 JCBG-013.5

混凝土抗水渗透检测报告

委托编号：　WT2013-HKS-003　　　　记录编号：　JL2013-HKS-003　　　　报告编号：　BG2013-HKS-003

委托日期：　2013 年 05 月 07 日　　检测日期：　2013 年 05 月 08 日　　报告日期：　2013 年 05 月 11 日

委托单位：　×××××××　　　　　工程名称：　×××××××

单位工程名称：　×××××××　　　工程部位：　×××××××

混凝土强度等级	C30	抗渗等级	P6
试件成型方法	机械	龄期 d	28
试件养护条件	标养	试件成型日期	2013.4.10
配合比编号	BG2013-HPS-006	试件试验日期	2013.5.8
检测方法	逐级加压法	状态描述	试件完整、表面刷毛处理
见证单位	×××××	见证人及证书标号	×××/×××××
取样人及证书编号	×××/×××××	送样人	×××

试件编号	质量指标	检 测 值
TS-001	＞6	7

检测依据	GB/T 50082—2009《普通混凝土长期性能和耐久性能试验方法标准》
评定依据	GB/T 50082—2009《普通混凝土长期性能和耐久性能试验方法标准》
结　论	依据 GB/T 50082—2009《普通混凝土长期性能和耐久性能试验方法标准》，该组试件抗水渗透符合设计要求
备　注	1. 本报告无本单位检测或试验报告专用章无效； 2. 本报告无检测或试验人、审核人、批准人签名无效； 3. 本报告涂改无效； 4. 复制报告未重新盖本单位检测或试验报告专用章无效。

检测单位（章）：　　　　　批准：　　　　　　审核：　　　　　　检测：

检测单位地址：

联系电话：

砂浆配合比设计报告

委托编号：__WT2013-SPS-001__   记录编号：__JL2013-SPS-001__   报告编号：__BG2013-SPS-001__

委托日期：_2013_ 年_03_ 月_01_ 日   设计日期：_2013_ 年_03_ 月_03_ 日   报告日期：_2013_ 年_04_ 月_15_ 日

委托单位：__×××××××__   工程名称：__×××××××__

单位工程名称：__×××××××__   工程部位：__×××××××__

砂浆种类	水泥砂浆	强度等级	M7.5	试配强度 MPa	8.6	要求稠度 mm	70～90
水泥品种/等级	P.C32.5	生产厂家	寿昌海螺	出厂日期	2013.2	报告编号	×××××
砂种类	河砂	产地	×××	规格	中砂	报告编号	×××××
掺合料名称	粉煤灰	生产厂家	×××	类别、等级	F类Ⅱ级灰	报告编号	×××××
掺合料名称	粉煤灰	生产厂家	×××	类别、等级	F类Ⅱ级灰	报告编号	×××××
外加剂名称	/	生产厂家	/	型号	/	报告编号	/
每立方米材料用量 kg	水	水泥	砂	掺合料1	掺合料2	外加剂	/
	/	241	1480	/	/	/	/
配合比（质量比）	/	1	6.14	/	/	/	/

试验依据	JGJ/T98—2010《砌筑砂浆配合比设计规程》
说明	1. 现场砂浆拌和时，应根据砂实际含水量情况调整砂子用量； 2. 用水量按照施工稠度确定； 3. 水泥、外加剂或掺合料等原材料品种、质量有显著变化时，应重新进行配合比设计。
备注	1. 本报告无本单元检测报告专用章无效； 2. 本报告无设计人、审核人、批准人签名无效； 3. 本报告涂改无效； 4. 复制报告未重新盖本单位检测报告专用章无效。

设计单位（章）：　　　批准：　　　审核：　　　设计：

设计单位地址：

联系电话：

砂 浆 性 能 检 测 报 告

委托编号：　WT2013-SJX-001　　　记录编号：　JL2013-SJX-001　　　报告编号：　BG2013-SJX-001

委托日期：　2013 年 04 月 13 日　　检测日期：　2013 年 04 月 13 日　　报告日期：　2013 年 05 月 18 日

委托单位：　×××××××　　　　　　工程名称：　×××××××

单位工程名称：　×××××××　　　　工程部位：　×××××××

见证单位：　×××××××　　　　　见证人及证书编号：　×××/×××××

取样人及证书编号：　×××/×××××　　送样人：　×××　　　　状态描述：　水泥砂浆

强度等级：　M10　　　　　砂浆种类　/　　　要求稠度：　50～70　mm　实测稠度：　61　mm

水泥厂名、牌号：　×××　　强度等级：42.5　　品种：　P.O　　检测报告编号：　×××××

砂子产地：　×××　　　　品种：　河砂　　　规格：　中砂　　检测报告编号：　×××××

外加剂厂名：　×××××　　名称型号：×××　掺量：1.8 %　检测报告编号：　×××××

掺合料产地：　/　　　　　名称：　/　　　规格：　/　　检测报告编号：　/

材料名称	水泥	砂	石灰膏	掺合料	外加剂
每立方米砂浆材料用量 kg	×××	×××	×××	×××	×××
质量比	×××	×××	×××	×××	×××

试验项目	质量指标		测试值
抗冻性能	冻融循环次数 次		15
	强度损失率（%）≤25		13
	质量损失率（%）≤5		2
保水性能 %	≥80		91.8
密度 kg/m³	≥1900		2050
检测依据	JGJ/T 70—2009《建筑砂浆基本性能试验方法标准》		
评定依据	JGJ/T 98—2010《砌筑砂浆配合比设计规程》		
结　论	依据 JGJ/T 98—2010《砌筑砂浆配合比设计规程》标准，该水泥砂浆所检项目性能符合标准要求		
备　注	1．本报告无本单位检测或试验报告专用章无效； 2．本报告无检测或试验人、审核人、批准人签名无效； 3．本报告涂改无效； 4．复制报告未重新盖本单位检测或试验报告专用章无效。		

检测单位（章）：　　　　批准：　　　　审核：　　　　检测：

检测单位地址：

联系电话：

砂浆抗压强度检测报告

委托编号：<u>WT2013-SKY-001</u>　　　　记录编号：<u>JL2013-SKY-001</u>　　　　报告编号：<u>BG2013-SKY-001</u>

委托日期：<u>2013</u>年<u>04</u>月<u>15</u>日　　　检测日期：<u>2013</u>年<u>05</u>月<u>13</u>日　　报告日期：<u>2013</u>年<u>05</u>月<u>13</u>日

委托单位：<u>×××××××</u>　　　　　　工程名称：<u>×××××××</u>

单位工程名称：<u>×××××××</u>　　　　工程部位：<u>×××××××</u>

强度等级		M10		砂浆种类	水泥砂浆	
配合比编号		BG2013-SPS-006		养护条件	标养	
立方体试件边长 mm		70.7		状态描述	试件完整、表面干净	
见证单位		×××××		见证人及证书编号	×××/×××××	
取样人及证书编号		×××/×××××		送样人	×××	
试件编号	成型日期	检测日期	龄期 d		抗压强度值 MPa	强度代表值 MPa
SJ-001	2013.4.15	2013.5.13	28		12.5	12.3
					12.0	
					12.3	
检测依据	JGJ/T 70—2009《建筑砂浆基本性能试验方法标准》					
备　注	1. 本报告无本单位检测或试验报告专用章无效； 2. 本报告无检测或试验人、审核人、批准人签名无效； 3. 本报告涂改无效； 4. 复制报告未重新盖本单位检测或试验报告专用章无效。					

检测单位（章）：　　　　批准：　　　　审核：　　　　检测：

检测单位地址：

联系电话：

外加剂性能检测报告

委托编号：__WT2013-HWJ- 001__　　记录编号：__JL2013-HWJ-001__　　报告编号：__BG2013-HWJ-001__

委托日期：__2013__ 年 __03__ 月 __04__ 日　　检测日期：__2013__ 年 __03__ 月 __05__ 日　　报告日期：__2013__ 年 __04__ 月 __10__ 日

委托单位：__×××××××__　　　　　工程名称：__×× ××××××__

单位工程名称：__×××××××××__

产品名称、代号	标准型高效减水剂/HWR-S		型号	NMR（粉剂）	
生产厂家	×××××××		合格证编号	×××××	
代表数量 t	10.1		进场日期	2013.2.22	
掺量 %	0.75		状态描述	样品完好，无受潮结块现象	
见证单位	×××××		见证人及证书编号	×××/×××××	
取样人及证书编号	×××/×××××		送样人	×××	
受检混凝土性能指标			匀质性指标		
检测项目	指标值	检测值	检测项目	指标值	检测值
减水率 %，≥	14	17.8	含固量 %	<5%时，控制在厂家值的0.8～1.2范围内	2.1
泌水率比 %，≤	90	25	密度 g/cm³	/	
含气量 %，≤	3.0	2.3	细度 %	≤5	3.2
凝结时间之差 min　初凝	−90～＋120	-25	pH 值		7.1
凝结时间之差 min　终凝		-32	氯离子含量 %	≤0.15	0.13
抗压强度比 %，≥　1d	140	168	硫酸钠含量 %	≤23	21.55
抗压强度比 %，≥　3d	130	154	总碱量	≥生产厂控制值	/
抗压强度比 %，≥　7d	125	142	水泥砂浆减水率 %	/	285
抗压强度比 %，≥　28d	120	136	钢筋锈蚀	/	对钢筋无锈蚀作用
收缩率比 %，≤	135	117	1h 经时变化量　坍落度 mm		/
相对耐久性（200 次） %，≥	/	/	1h 经时变化量　含气量 %		
渗透高度比 %，≤	/	/	48h 吸水量比 %，≤		
检测依据	GB 8076—2008《混凝土外加剂》				
评定依据	GB 8076—2008《混凝土外加剂》				
结　论	依据 GB 8076—2008《混凝土外加剂》，所检指标符合标准要求				
备　注	1. 本报告无本单位检测或试验报告专用章无效； 2. 本报告无检测或试验人、审核人、批准人签名无效； 3. 本报告涂改无效； 4. 复制报告未重新盖本单位检测或试验报告专用章无效。				

检测单位（章）：　　　　批准：　　　　审核：　　　　检测：

检测单位地址：

联系电话：

混凝土膨胀剂性能检测报告

委托编号： WT2013-HPJ-001　　　记录编号： JL2013-HPJ-001　　　报告编号： BG2013-HPJ-001

委托日期： 2013 年 03 月 04 日　　检测日期： 2013 年 03 月 05 日　　报告日期： 2013 年 04 月 10 日

委托单位： ×××××××　　　工程名称： ×××××××

单位工程名称： ×××××××

产品名称、型号	UEA 膨胀剂 Ⅰ型		合格证编号	×××××	
生产厂家	××××××		进场日期	××××年×× 月×× 日	
代表数量 t	0.5		膨胀剂掺量 %	10	
状态描述	样品完好		检测环境	温度：20±2℃	
见证单位	×××××		见证人及证书编号	×××/×××××	
取样人及证书编号	×××/×××××		送样人	×××	
项　　目			指 标 值		检 测 值
			Ⅰ型	Ⅱ型	
细　度	比表面积 m²/kg，≥		200		320
	1.18mm 筛筛余 %，≤		0.5		0
凝结时间 min	初凝 min，≥		45		135
	终凝 min，≤		600		201
限制膨胀率 %，≥	水中 7d		0.025	0.050	0.032
	空气中 21d		−0.020	−0.010	−0.016
抗压强度 MPa，≥	7 d		20.0		30.4
	28d		40.0		45.1
检测依据	GB 23439—2009《混凝土膨胀剂》 GB/T 8074—2008《水泥比表面积测定方法　勃氏法》 GB/T 1346—2011《水泥标准稠度用水量、凝结时间、安定性检验方法》 GB/T 17671—1999《水泥胶砂强度检验方法》				
评定依据	GB 23439—2009《混凝土膨胀剂》				
结　　论	依据 GB 23439—2009《混凝土膨胀剂》，所检指标符合Ⅰ型要求				
备　　注	1. 本报告无本单位检测或试验报告专用章无效； 2. 本报告无检测或试验人、审核人、批准人签名无效； 3. 本报告涂改无效； 4. 复制报告未重新盖本单位检测或试验报告专用章无效。				

检测单位（章）：　　　批准：　　　审核：　　　检测：

检测单位地址：

联系电话：

混凝土拌和用水性能检测报告

委托编号：<u>WT2013-BS-001</u>　　　　记录编号：<u>JL2013-BS-001</u>　　　　报告编号：<u>BG2013-BS-001</u>

委托日期：<u>2013</u> 年 <u>04</u> 月 <u>10</u> 日　　检测日期：<u>2013</u> 年 <u>04</u> 月 <u>12</u> 日　　报告日期：<u>2014</u> 年 <u>05</u> 月 <u>10</u> 日

委托单位：<u>×××××××</u>　　　　工程名称：<u>×××××××</u>

单位工程名称：<u>×××××××</u>

水源名称			地表水		取样日期		2013.4.10
取样深度 mm			/		取样地点		拌和楼
水的外观			无色无味		状态描述		正常
见证单位			×××××××		见证人及证书编号		×××/×××××
取样人及证书编号			×××/×××××		送样人		×××

成分分析		项目	pH 值	不溶物 mg/L	可溶物 mg/L	Cl⁻ mg/L	SO₄²⁻ mg/L	碱含量 mg/L
	品质指标	预应力混凝土	≥5.0	≤2000	≤2000	≤500	≤600	≤1500
		钢筋混凝土	≥4.5		≤5000	≤1000	≤2000	≤1500
		素混凝土	≥4.5	≤5000	≤10000	≤3500	≤2700	≤1500
	化验结果		6.3	9.5	34	3.64	2	2.05

水泥凝结时间 min	样品名称	待检验水	饮用水	凝结时间差 min	
				品质指标	检验结果
	初凝	209	237	≤30	−28
	终凝	318	315		3

水泥抗压强度 MPa	样品名称	待检验水	饮用水	抗压强度比 %	
				品质指标	检验结果
	3d	23.2	24.6	≥90	94
	28d	43.3	44.6		97

检测依据	JGJ 63—2006《混凝土拌和用水》
评定依据	JGJ 63—2006《混凝土拌和用水》
结　论	依据 JGJ 63—2006《混凝土拌和用水》，所检项目符合混凝土拌和用水要求
备　注	1．本报告无本单位检测或试验报告专用章无效； 2．本报告无检测或试验人、审核人、批准人签名无效； 3．本报告涂改无效； 4．复制报告未重新盖本单位检测或试验报告专用章无效。

检测单位（章）：　　　　批准：　　　　审核：　　　　检测：

检测单位地址：

联系电话：

水泥基灌浆材料性能检测报告

委托编号：__WT2013-SGL-001__　　　　记录编号：__JL2013-SGL-001__　　　　报告编号：__BG2013-SGL-001__

委托日期：__2013__ 年 __04__ 月 __15__ 日　　检测日期：__2013__ 年 __04__ 月 __16__ 日　　报告日期：__2013__ 年 __05__ 月 __14__ 日

委托单位：__×××××××__　　　　　　　工程名称：__×××××××__

单位工程名称：__×××××××__

产品型号		×××		出厂日期	2013.××.××
生产厂家		×××××××		进场日期	2013.××.××
出厂编号		×××××		取样日期	2013.4.15
合格证编号		×××××	代表数量 t 200	状态描述	正常
见证单位		×××××××		见证人及证书编号	××× /×××××
取样人及证书编号		×××/×××××		送样人	×××

试验项目		技术指标					测试值
		Ⅰ类	Ⅱ类	Ⅲ类	Ⅳ类		Ⅲ类
最大集料粒径 mm		≤4.75			>4.75 且≤16		≤4.75
流动度 mm	初始值	≥380	≥340	≥290	≥270	≥650	322
	30min 保留值	≥340	≥310	≥260	≥240	≥550	291
竖向膨胀率 %	3h	0.1～3.5					0.12
	24h 与 3h 膨胀值差	0.02～0.5					0.09
抗压强度 MPa	1d	≥20.0					22.7
	3d	≥40.0					45.1
	28d	≥60.0					80.5
对钢筋有无锈蚀作用		无					无
泌水率 %		0					0.0
检测依据		GB/T 50448—2008《水泥基灌浆材料应用技术规范》 GB 8076—2008《混凝土外加剂》 GB/T 50080—2002《普通混凝土拌和物性能试验方法标准》					
评定依据		GB/T 50448—2008《水泥基灌浆材料应用技术规范》					
结　论		依据 GB/T 50448—2008《水泥基灌浆材料应用技术规范》，该灌浆料符合Ⅲ类要求					
备　注		1. 本报告无本单位检测或试验报告专用章无效； 2. 本报告无检测或试验人、审核人、批准人签名无效； 3. 本报告涂改无效； 4. 复制报告未重新盖本单位检测或试验报告专用章无效。					

检测单位（章）：　　　　批准：　　　　审核：　　　　检测：

检测单位地址：

联系电话：

防水卷材性能检测报告

委托编号：　WT2013-FJ-001　　　　记录编号：　JL2013-FJ-001　　　报告编号：　BG2013-FJ-001

委托日期：　××××年××月××日　　　检测日期：　××××年××月××日

报告日期：　××××年××月××日　　　委托单位：　×××××××　　工程名称：　×××××××

单位工程名称：　×××××××　　　　工程部位：　×××××××

生产厂家	×××××××					产品名称	×××××
产品标记	×××					合格证编号	××××××
代表批量	×	状态描述	卷材表面无气泡、裂纹、孔洞、疙瘩			进场日期	××××.××.××
见证单位	×××××××					见证人及证书编号	×××/××××××
取样人及证书编号	×××/××××××					送样人	×××

检测项目		质量指标					测试值
		I		II			
		PY	G	PY	G	PYG	
可溶物含量/g/m³，≥	3mm	2100				—	3000
	4mm	2900				—	
	5mm	3500					
	实验现象	—	胎基不燃	—	胎基不燃	—	胎基不燃
耐热性	℃	90		105			105
	滑动值 mm，≤	2					
	实验现象	无流滴、滴落					
低温柔性 ℃		−20		−25			−25 无裂缝
		无裂缝					
不透水性 30mim		0.2MPa		0.3MPa			0.3
拉力	最大峰拉力 N/50mm≥	500	350	800	500	900	850
	次高峰拉力/N/50mm≥	—	—	—	—	800	750
	实验现象	拉伸过程中，试件中部无沥青涂盖层开裂或与胎基分离现象					
延伸率	最大峰时延伸率 %，≥	30		40		—	50%
	第二峰时延伸率 %，≥	—		—		15	35%
渗油性	张数 ≤	2					2
检测依据	GB/T 328.1～27—2007《建筑防水卷材试验方法》						
评定依据	GB 18242—2008《弹性改性体沥青防水卷材》						
结论	根据 GB 18242—2008《弹性改性体沥青防水卷材》，所检项目符合弹性改性体沥青防水卷材 II 类标准						
备注	1. 本报告无本单位检测或试验报告专用章无效；2. 本报告无检测或试验人、审核人、批准人签名无效；3. 本报告涂改无效；4. 复制报告未重新盖本单位检测或试验报告专用章无效。						

检测单位（章）：　　　　　批准：　　　　　审核：　　　　　检测：

检测单位地址：　　　　　　　　　　　联系电话：

防水涂料性能检测报告

委托编号：　WT2013-FT-001　　　　记录编号：　JL2013-FT-001　　　　报告编号：　BG 2013-FT-001

委托日期：×××年××月××日　　检测日期：×××年××月××日　　报告日期：×××年××月××日

委托单位：×××××××　　　　工程名称：×××××××

单位工程名称：×××××××　　工程部位：×××××××

生产厂家	×××××××		产品名称	×××	
品种、类别	I 类		合格证编号	×××××	
进场日期	×××年××月××日	代表数量　××	状态描述	均匀稠体，无凝胶、结块	
见证单位	××××××××××		见证人及证书编号	×××/×××××	
取样人及证书编号	×××/×××××		送样人	×××	
试验项目	质量指标		检测结果		
	I	II			
固体含量 %，≥	80	80	93		
拉伸强度 MPa，≥	1.90	2.45	3.83		
断裂伸长率 %，≥	550	≥450	620		
撕裂强度 N/mm，≥	12	≥14	17		
不透水性	0.3MP 30min 不透水		合格		
低温弯折性 ℃，≤	−40		−50		
表干时间 h，≤	12		8.2		
实干时间 h，≤	24		20.4		
潮湿基面黏结强度 MPa，≥	0.50		0.65		
检测依据	GB/T 16777—2008《建筑防水涂料试验方法》 GB/T 529—1999《硫化橡胶或热塑性橡胶撕裂强度的测定》				
评定依据	GB/T 19250—2003《聚氨酯防水涂料标准》				
结　　论	依据 GB/T 19250—2003《聚氨酯防水涂料标准》，符合 I 类聚氨酯防水涂料的技术要求				
备　　注	1. 本报告无本单位检测或试验报告专用章无效； 2. 本报告无检测或试验人、审核人、批准人签名无效； 3. 本报告涂改无效； 4. 复制报告未重新盖本单位心检测或试验报告专用章无效。				

检测单位（章）：　　　　批准：　　　　审核：　　　　检测：

检测单位地址：　　　　　　　　联系电话：

沥 青 性 能 检 测 报 告

委托编号： WT2013-LQ-001　　　记录编号： JL2013-LQ-001　　　报告编号： BG2013-LQ-001

委托日期：××××年××月××日　检测日期：××××年××月××日　报告日期：××××年××月××日

委托单位： ×××××××　　　　工程名称： ××××××××

单位工程名称： ××××××××

生产厂家	××××××××	品种及标号	建筑石油沥青（10 号）
合格证编号	×××××	取样日期	××××.××.××
代表数量 t	××	状态描述	有光泽的黑色固体
见证单位	××××××××	见证人及证书编号	×××/×××××
取样人及证书编号	×××/×××××	送样人	×××

试验项目	质量指标			检测值
	10 号	30 号	40 号	
延度（25℃， 5cm/min） cm，≥	1.5	2.5	3.5	4.0
针入度（25℃，100g， 5S）（1/10mm）	10-25	26-35	36-50	18.7
软化点（环球法） ℃，≥	95	75	60	112.5

检测依据	GB/T 4508—2010《沥青延度测定法》 GB/T 4509—2010《沥青针入度测定法》 GB/T 4507—2010《沥青软化点测定法》
评定依据	GB/T 494—2010《建筑石油沥青》
结　　论	根据 GB/T 494—2010《建筑石油沥青》，延度、针入度、软化点均符合 10 号建筑石油沥青的技术要求
备　　注	1. 本报告无本单位检测或试验报告专用章无效； 2. 本报告无检测或试验人、审核人、批准人签名无效； 3. 本报告涂改无效； 4. 复制报告未重新盖本单位检测或试验报告专用章无效。

检测单位（章）：　　　　　批准：　　　　　审核：　　　　　检测：

检测单位地址：　　　　　　　　　　　　　联系电话：

回弹法混凝土抗压强度

检 测 报 告

报告编号：BG2013-HT-001

批准：×××

审核：×××

主检：×××

×××

检测单位（章）：×××××××

检测单位地址：×××××××

联系电话：×××××××

报告日期：××××年××月××日

回弹法混凝土抗压强度检测报告

一、委托信息：

委托编号：＿＿×××××＿＿＿ 委托人：＿＿＿＿＿×××＿＿＿＿＿

施工单位：＿×××××××＿＿ 建设单位：＿＿×××××××＿＿

监理单位：＿×××××××＿＿ 设计单位：＿＿×××××××＿＿

工程名称：＿×××××××＿＿ 单位工程名称：＿＿×××××××＿＿

检测部位：＿×××××××＿＿ 见证人及证书编号：＿×××/×××××＿

检测日期：＿＿＿××××＿＿＿＿ 混凝土施工工艺：＿泵送＿＿＿＿＿

二、检测原因

混凝土强度验证。

三、状态描述

表面干燥、清洁、平整，无疏松层、浮浆、油垢及蜂窝、麻面。

四、检测方案

本次检测为单个构件回弹，取样数量为 1 根梁，在梁对称两侧面均匀布置 10 个测区，测区避开预埋件，每一测区读取 16 个回弹值，测点在测区范围内均匀布置，每一构件回弹值测量完毕后在有代表性的测区上测量碳化深度值。

五、检测环境

常温常压，检测地点气温：32℃ 相对湿度：75%

六、检测设备及检定证书编号

检测设备：回弹仪 仪器编号：TJJC-QT-171

检定证书编号：检 JZ20130827002 有效日期：2014.2.14

七、检测依据

JGJ/T 23—2011《回弹法检测混凝土抗压强度技术规程》

八、检测结论

本次所检测的构件现龄期回弹强度推定值达到设计强度的 116%，满足设计要求；检测成果见下表。

主控楼一层梁
回弹法混凝土抗压强度检测成果表

序号	工程部位	浇筑日期	强度等级	测区个数	平均值MPa	标准差MPa	最小值MPa	构件现龄期混凝土强度推定值MPa
1	一层梁①/②-③轴	2013.3.12	C30	10	39	2.64	35	34.6

电土试表 JCBG-025

钻芯法混凝土抗压强度

检 测 报 告

报告编号：BG2013-Z×-001

批准：×××

审核：×××

主检：×××

×××

检测单位（章）：×××××××××

检测单位地址：×××××××××

联系电话：×××××××××

报告日期：××××年××月××日

钻芯法混凝土抗压强度检测报告

一、委托信息：

委托编号：＿×××××＿　　　　　委托人：＿×××＿

施工单位：＿×××××××＿　　　建设单位：＿××××××××＿

监理单位：＿×××××××＿　　　设计单位：＿××××××××＿

工程名称：＿×××××××××＿　　单位工程名称：＿×××××××××＿

检测部位：＿×××××××＿　　　见证人及证书编号：＿×××/×××××＿

取芯日期：＿2013.4.12＿　　　　浇筑日期：＿2013.3.19＿

二、检测原因

试块不合格混凝土强度验证。

三、原材料

骨料最大粒径：31.5mm

水泥品种：江山 P.C 32.5

四、检测方案

本次检测部位为避雷针基础及主控楼筏板基础，避雷针基础按单个构件检测，主控楼基础按检测批方法检测，避雷针基础延高度方向上、中、下位置钻取芯样3个，主控楼钻在有代表性的部位取芯样15个，每个芯样经切割制备成符合规范要求的试样，因基础工作环境潮湿，故试样需在20±5℃的清水中浸泡48h后在压力机上进行抗压强度试验，抗压强度试验数据按规范3.2的要求计算混凝土强度推定值。

五、检测设备及检定证书编号

检测设备：压力机　　　　　仪器编号：TJJC-QT-192

检定证书编号：检JZ201308270023　有效日期：2014.2.16

六、检测依据

CECS 03：2007《钻芯法检测混凝土强度技术规程》

lx2013004《设计联系单》

七、检测结论

混凝土强度推定值

避雷针基础：32.1MPa

主控楼基础：31.3MPa

详见钻芯法检测混凝土抗压强度检测成果表。

避雷针基础
单个构件钻芯法混凝土抗压强度检测成果表

序号	构件名称	取样部位	强度等级	检测日期	龄期	试件状态	试件高度 mm	试件直径 mm	抗压强度 MPa	抗压强度推定值 MPa
		上部		2013.4.15	28	饱和面干	102	100	35.2	
	避雷针基础	中部	C30	2013.4.15	28	饱和面干	101	100	32.1	32.1
		下部		2013.4.15	28	饱和面干	103	101	33.9	

主控楼基础
钻芯法混凝土抗压强度检测批成果表

序号	检测部位	取样部位	强度等级	检测日期	龄期	试件状态	试件高度mm	试件直径mm	抗压强度MPa	平均值MPa	标准差MPa	上限值MPa	下限值MPa	检测批强度推定值MPa
1		Ⓐ-Ⓑ/①		2013.4.15	28	饱和面干	102	100	32.1					
2		Ⓐ-Ⓑ/②		2013.4.15	28	饱和面干	101	100	34.2					
3		Ⓐ-Ⓑ/③		2013.4.15	28	饱和面干	103	101	36.1					
4		Ⓐ-Ⓑ/④		2013.4.15	28	饱和面干	101	100	31.2					
5		Ⓐ-Ⓑ/⑤		2013.4.15	28	饱和面干	101	100	31.5					
6		Ⓐ-Ⓑ/⑥		2013.4.15	28	饱和面干	102	101	32.4					
7		Ⓒ-Ⓓ/①		2013.4.15	28	饱和面干	102	101	34.1					
8	主控楼基础	Ⓒ-Ⓓ/②	C30	2013.4.15	28	饱和面干	104	100	35.0	33.3	1.6	31.3	29.1	31.3
9		Ⓒ-Ⓓ/③		2013.4.15	28	饱和面干	104	100	32.6					
10		Ⓒ-Ⓓ/④		2013.4.15	28	饱和面干	99	101	33.8					
11		Ⓒ-Ⓓ/⑤		2013.4.15	28	饱和面干	98	100	31.9					
12		Ⓔ-Ⓓ/②		2013.4.15	28	饱和面干	100	101	32.5					
13		Ⓔ-Ⓓ/③		2013.4.15	28	饱和面干	98	101	31.5					
14		Ⓔ-Ⓕ/④		2013.4.15	28	饱和面干	102	100	36.1					
15		Ⓔ-Ⓕ/⑤		2013.4.15	28	饱和面干	101	100	34.2					

后锚固承载力检测报告

委托编号：__WT2013-MGJ-001__　　　　记录编号：__JL2013-MGJ-001__　　　　报告编号：__BG2013-MGJ-001__

委托日期：_2013_ 年_01_月_01_日　　　检测日期：_2013_ 年_01_月_01_日　　　报告日期：_2013_ 年_01_月_01_日

委托单位：××省第 N 建设集团有限公司　工程名称：××省××电厂×期×号机"上大压小"扩建工程

单位工程名称：___×××工程___　　　　工程部位：__×××××××××__

植筋种类	化学植筋	植筋原材报告编号	×××
牌号、直径 mm	HPB235　6.5	埋植筋日期	××××.××.××
仪器名称、型号	×××	植筋代表数量 根	200
混凝土强度等级	C30	植筋胶名称、型号	×××
见证人及证书编号	×××/×电第××号	状态描述	完好
见证单位	××省××建设监理有限公司	委托人	×××

试样编号	钻孔直径 mm	钻孔深度 mm	设计（推荐）荷载值 kN	实测荷载值 kN	破坏形式	结构部位
1				6.5	非破坏	××××
2				6.0	非破坏	××××
3	8	10	6	6.0	非破坏	××××
/				/	/	/
/				/	/	/
/				/	/	/

检测依据	JGJ 145—2004《混凝土结构后锚固技术规程》
评定依据	JGJ 145—2004《混凝土结构后锚固技术规程》
结　论	依据 JGJ 145—2004《混凝土结构后锚固技术规程》，植筋抗拔承载力符合设计要求
备　注	1. 本报告无本单位检测或试验报告专用章无效； 2. 本报告无检测或试验人、审核人、批准人签名无效； 3. 本报告涂改无效； 4. 复制报告未重新盖本单位检测或试验报告专用章无效。

检测单位（章）：　　　　批准：　　　　审核：　　　　检测：

检测单位地址：

联系电话：

电土试表 JCBG-027

锚 杆 承 载 力

检 测 报 告

报告编号：BG2013-MG-001

批准：×××

审核：×××

主检：×××

检测单位（章）：××××××××

检测单位地址：××××××××

联系电话：×××××××××

报告日期：××××年××月××日

＿＿×××××××××＿＿工程锚杆承载力检测报告

一、工程概况

工程名称	×××××××		
工程地点	×××××××		
建设单位	×××××××		
勘察单位	×××××××		
设计单位	×××××××		
承建单位	×××××××		
锚杆施工单位	×××××××		
监理单位	×××××××		
质量监督站	×××××××		
结构型式	框架	层 数	地下一层
建筑面积 m²	219.52	开工日期	2012.11.11
锚杆类型	抗拔	锚杆孔径 mm	130
锚杆设计轴向抗拔力 kN	90	试验最大荷载 kN	90
锚杆总数	300	检测锚杆数	1组，共3根
检测方法	抗拔验收试验	检测日期	2013.01.13～14
备 注			

受×××××××的委托，×××××××于××××年××月××日至××××年××月××日，对××××××工程（概况见表1）的锚杆进行验收试验，目的是检测锚杆的轴向受拉承载力是否满足业主提出的抗拔力值。根据委托单位、监理及设计等单位研究协商结果，确定本次检测 9 根锚杆。在各方面的积极配合与大力支持下，试验圆满完成。现将检测结果报告如下。

二、检测仪器设备、试验方法

1．试验加载装置

本次试验采用＿300＿kN油压千斤顶分级加载，利用支墩承受荷载反力，支墩由钢板组成，千斤顶置于支墩上，对试验锚杆施加抗拔力。

检测设备：锚杆拉拔仪　　　　设备编号：TJJC-QT-125

检定证书号：自校2012002　　检定有效日期：2013.5.26

2．试验加载方法和位移观测

（1）试验加载：采用维持荷载法，具体的荷载分级和荷载维持时间参考所执行的规范。

（2）锚杆的上拔量观测：在锚杆的设计标高处正交直径方向装设1块百分表，按规定时间测定位移量，百分表精度为0.01mm。

3．检测标准

试验根据业主提供验收要求参照下列规范、要求进行：

（1）按业主提供锚杆的设计荷载为90kN；

（2）GB 50086—2001《锚杆喷射混凝土支护技术规范》。

三、锚杆施工情况

根据委托单位提供的设计及施工资料，各检测锚杆单根承载力设计值和有关锚杆参数见表1。

表 1　检测锚杆的有关参数

试验编号	锚杆编号	锚杆直径 mm	锚杆类型直径 mm	锚杆入土长度 m	锚杆锚固段长度 m	锚杆自由段长度 m	锚杆抗拔力设计值 kN	备注
1	3－3－3	130	φ25	12	12	全锚固	90	
2	4－3－7	130	φ25	12	12	全锚固	90	
3	3－2－5	130	φ25	12	12	全锚固	90	

四、工程地质概况

（1）杂填土层，层底埋深为 0.00～－2.00m。

（2）砂质黏性土层，层底埋深为－2.00m 以下。

五、检测结果

检测结果汇总表见表 2，检测锚杆试验荷载和变形数据见表 2，检测锚杆的 Q—S 曲线见附图。

表 2　检测结果汇总表

试验编号	锚杆编号	锚杆孔径	锚杆要求验收最大荷载	锚杆最大施加荷载	最大荷载时上拔量
号	号	mm	kN	kN	mm
1	3－3－3	130	90	90	18.598
2	4－3－7	130	90	90	19.470
3	3－2－5	130	90	90	13.390

六、检测结论

（1）1 号锚索 3－3－3（最大验收试验荷载为 90kN）。

在最大验收试验荷载 90kN 作用下，锚头位移相对稳定，在各荷载等级观测时间内，锚头位移小于 0.1mm，锚头最大位移量 18.598mm，满足业主提供的最大抗拔力要求。

（2）2 号锚索 4－3－7（最大验收试验荷载为 90kN）。

在最大验收试验荷载 90kN 作用下，锚头位移相对稳定，在各荷载等级观测时间内，锚头位移小于 0.1mm，锚头最大位移量 19.470mm，满足业主提供的最大抗拔力要求。

（3）3 号锚索 3－2－5（最大验收试验荷载为 90kN）。

在最大验收试验荷载 90kN 作用下，锚头位移相对稳定，在各荷载等级观测时间内，锚头位移小于 0.1mm，锚头最大位移量 13.390mm，满足业主提供的最大抗拔力要求。

$$P_{An}=90 \quad P_A=90$$
$$P_{Amin}=90$$

满足规范要求的合格条件：$P_{An} \geqslant P_A$

$$P_{Amin} \geqslant 0.9 P_A$$

其中　P_{An}——同批锚杆抗拔力平均值；

　　P_{Amin}——同批锚杆抗拔力最小值；

　　P_A——锚杆设计锚固力。

本组锚杆抗拔力合格。

七、附图表

（1）锚杆试验记录表及 Q—S 曲线；

（2）锚杆分布示意图。

电土试表 JCBG-028

结构实体钢筋保护层厚度

检 测 报 告

报告编号：BG2013-BH-001

批准：×××

审核：×××

主检：×××

检测单位（章）：×××××××

检测单位地址：×××××××

联系电话：××××××××

报告日期：××××年××月××日

结构实体钢筋保护层厚度检测报告

一、委托信息：

委托编号：×××××   委托人：×××

施工单位：××××××××   建设单位：××××××××

监理单位：××××××××××   设计单位：××××××××

工程名称：××××××××   单位工程名称：×××××××××

结构部位：××××××××   见证人及证书编号：×××/×××××

二、检测目的

通过钢筋保护层厚度检测，以评定结构实体钢筋保护层厚度是否满足规范要求。

三、检测项目

××工程××单位工程现浇混凝土梁的钢筋保护层厚度。

四、检测方案

根据规范要求的抽检比例，结合××工程××单位工程梁类构件的数量，确定抽检梁类构件 5 个，对该 5 个构件的全部纵向受力钢筋的保护层厚度进行检测，对每根钢筋有代表性的部位测量 1 点。

该 5 个梁类构件分别为 5.97m 层 3～4 轴/B 轴 L1 梁、6～7 轴/B 轴 L1 梁、2 轴/A～B 轴 L3 梁、6 轴 A～B 轴 L2 梁和 5 轴/A～B 轴 L3 梁。其配筋如下图

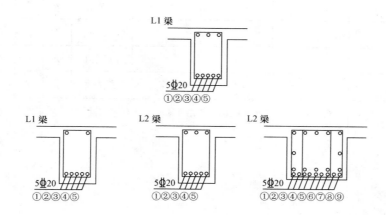

五、检测环境

21℃

六、检测设备及检定证书编号

××型钢筋位置测定仪，检定证书编号：×××

七、检测依据

GB 50204—2002（2011 年版）《混凝土结构工程施工质量验收规范》

JGJ/T 152—2008《混凝土中钢筋检测技术规程》

八、检测结果

经检测，所检××单位工程的梁类构件的检测点数的合格点率为 93%，符合规范要求。检测结果详见附表 1。

附表 1

梁类构件钢筋保护层厚度检测结果

构件编号	结构部位及名称	钢筋直径 mm	保护层厚度设计值 mm	允许偏差 mm	实测值 mm							
					钢筋编号	1	2	3	4	5	6	7
1	5.97m 层 3～4 轴/B 轴 L1 梁	20	30	+10，−7	测试值	31	36	32	38	32	/	/
2	5.97m 层 6～7 轴/B 轴 L1 梁	20	30	+10，−7	测试值	41	36	35	32	31	/	/
3	5.97m 层 2 轴/A～B 轴 L3 梁	20	30	+10，−7	测试值	36	33	38	43	37	/	/
4	5.97m 层 6 轴/A～B 轴 L2 梁	20	30	+10，−7	测试值	26	29	31	30	33	36	34
				+10，−7	测试值	32	35	/	/	/	/	/
5	5.97m 层 5 轴/A～B 轴 L3 梁	25	30	+10，−7	测试值	30	28	27	25	29	/	/
/	/	/	/	/	测试值	/	/	/	/	/	/	/
/	/	/	/	/	测试值	/	/	/	/	/	/	/
/	/	/	/	/	测试值	/	/	/	/	/	/	/
/	/	/	/	/	测试值	/	/	/	/	/	/	/
评定依据	GB 50204—2002（2011 年版）《混凝土结构工程施工质量验收规范》											
结论	依据 GB 50204—2002（2011 年版）《混凝土结构工程施工质量验收规范》，所检梁类构件的检测点数的合格率为 93%，符合规范要求。											
备注	1. 本报告无单位检测或试验报告专用章无效； 2. 本报告无检测或试验人、审核人、批准人签名无效； 3. 本报告涂改无效； 4. 复制报告未重新盖本单位检测或试验报告专用章无效。											

饰面砖黏结强度检测报告

委托编号：__WT2013-SZ-001__   记录编号：__JL2013-SZ-001__   报告编号：__BG2013-SZ-001__

委托日期：_2013_年_05_月_14_日   检测日期：__2013_年_05_月_15_日   报告日期：__2013_年_05_月_17_日

委托单位：__×××××××__   工程名称：__×××××××__

单位工程名称：__×××××××__   工程部位：__×××××××__

饰面砖品种及牌号	彩色釉面瓷砖 爱家牌		仪器设备		SZY-10B 饰面砖黏结强度测定仪	
基体材料	烧结多孔砖墙		黏结剂		914 型环氧黏结剂	
黏结材料	水泥砂浆		状态描述		正常	
见证单位	×××××××		检定证书编号		LS20130056	
委托人	×××		见证人及证书编号		×××/×××××	

组号	抽样部位	龄期 d	试件尺寸 mm	黏结力 kN	黏结强度 MPa 单个值	黏结强度 MPa 平均值	破坏状态
1	×××××	28	100×100	21.48	2.1		胶黏剂与饰面砖界面断开
	×××××	28	100×100	23.55	2.4	2.3	胶黏剂与饰面砖界面断开
	×××××	28	100×100	22.96	2.3		胶黏剂与饰面砖界面断开
/	/	/	/	/	/		/
	/	/	/	/	/	/	/
	/	/	/	/	/		/
/	/	/	/	/	/		/
	/	/	/	/	/	/	/
	/	/	/	/	/		/

检测依据	JGJ 110—2008《建筑工程饰面砖黏结强度检验标准》
评定依据	JGJ 110—2008《建筑工程饰面砖黏结强度检验标准》
结　论	依据 JGJ 110—2008《建筑工程饰面砖黏结强度检验标准》，符合饰面砖黏结强度要求
备　注	1．本报告无本单位检测或试验报告专用章无效； 2．本报告无检测或试验人、审核人、批准人签名无效； 3．本报告涂改无效； 4．复制报告未重新盖本单位检测或试验报告专用章无效。

检测单位（章）：　　　　批准：　　　　审核：　　　　检测：

检测单位地址：

联系电话：

混凝土结构构件性能

检 测 报 告

报告编号：BG2013-JZ-001

批准：×××

审核：×××

主检：×××

检测单位（章）：×××××××××

检测单位地址：×××××××××

联系电话：×××××××××

报告日期：××××年××月××日

混凝土构件结构性能静载荷检测报告

一、工程概况及试验目的

本单位受浙江华丰建设股份有限公司浙能绍兴滨海热电厂项目部的委托，对 1、2 号冷却塔钢筋混凝土预制构件进行结构性能静荷载试验，冷却塔由华东电力设计院设计，浙江电力建设有限公司绍兴滨海热电厂项目监理部监理，浙江华丰建设股份有限公司绍兴滨海热电厂项目部施工。本次检验为预制构件合格性检验，试验构件在现场随机抽样而定。试验日期为 2012 年 3 月 23 日。

二、检测依据：

1. GB 50152—1992《混凝土结构试验方法标准》
2. GB 50204—2002《混凝土结构工程施工质量验收规范》
3. 设计院 2010 年 11 月 10 日工程联系单（SJ 字第 001 号）

三、主要仪器设备

（1）挠度测定：采用精度为 0.01mm 百分表，通过安装表座，布置在梁两端和中部（百分表编号：0080360、0080401、0070151，检定证书为 ZBA-35-0540-2011 号、ZBA-35-0539-2011 号、ZBA-35-0538-2011 号，有效期均为 2012 年 1 月 18 日。

（2）裂缝量测：采用 DJCK-2 型裂缝测宽仪。（仪器编号：TJJC-QT-250，检定证书号：jd20110509005，有效期为 2012 年 5 月 4 日）

（3）钢筋保护层测量：DJGW-1A 钢筋位置测定仪。（仪器编号：TJJC-QT-251，检定证书号：jd20110509008，有效期为 2012 年 5 月 4 日）

（4）荷重测定：由千斤顶加压，再由油压表指针显示测控（油压表千斤顶型号 HCR306、HCR302，编号分别为 TJJC-QT-125 和 TJJC-QT-126，有效期为 2012 年 5 月 23 日。

四、检测方案

4.1 检测内容

（1）测试梁控制截面在试验荷载作用下的挠度；

（2）测试梁控制截面在试验荷载作用下的抗裂度

（3）观测梁体在试验荷载作用下裂缝的开展情况。

4.2 抽样方案

本次抽样试验 4 根梁，型号为 ZL203、ZL104、CL102、CL201 各 1 根。

4.3 加载方式

根据荷载等效弯距，折算成二集中力三分点等效荷载加载装置，反力架用工字钢梁，采用油压表千斤顶加载。实测挠度乘修正系数 0.98 换算为均布线荷载挠度。

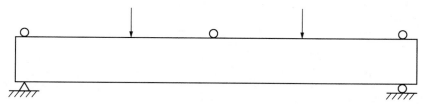

加载简图

4.4 试验荷载计算

按设计院 2010 年 11 月 10 日工程联系单（SJ 字第 001 号）提供的标准荷载，详见试验成果表。

4.5 荷载施加方法及步骤

（1）加载分级：根据设计提供的荷载按最大等弯距折算成三分点加载，在标准荷载的 80% 内，每级为 20% 标准荷载，以后每级为 10% 标准荷载。

（2）挠度观测：在标准荷载的80%内，每级加载后，按时间间隔10min测读一次，然后再加下一级荷载；以后每级为30min测读一次。

（3）终止加载条件：依据设计要求和有关规范，当出现下列情况之一时，即可终止加载：①最大裂缝宽度大于0.2mm；②最大挠度大于$L_0/200$；③受压区混凝土破坏；④主筋拉断；⑤达到最大设计荷载值（本次试验定为标准荷载的1.5）。

五、检测结果分析及结论

本次抽样试验4根梁，型号为ZL203、ZL104、CL102、CL201各1根，试验结果当静荷载达到设计值时，各型梁最大裂缝宽度均小于最大设计值0.2mm，跨中最大挠度均小于$L_0/200$，满足设计要求。

梁静荷载试验成果表

梁型号	尺寸 宽×高×长 mm	试验时实际跨度 mm	自重荷载标准值 kN/m	标准荷载值	按最大等弯矩换算成三分点标准荷载值 $P_1=P_2$（含自重）kN	达到标准荷载时跨中挠度 mm	达到标准荷载时裂缝宽度 mm	达到标准荷载1.5时跨中挠度 mm	达到标准荷载1.5时裂缝宽度 mm	出现裂缝时荷载（达到标准值）%
CL102	160×400×5980	5880	1.6	均布6.7 kN/m	18.93（其中自重折算 $P'_1=P'_2=3.65$）	9.58（9.39）	0.04	15.62（15.31）	0.12	100
ZL104	250×600×5500	5400	3.75	集中荷载51.3kN 四点 X=0.5、2.0、3.5、5.0m	79.13（其中自重折算 $P'_1=P'_2=7.88$）	5.91	0.01	9.37	0.08	100
CL201	160×400×5980	5880	1.6	均布荷载7.3 kN/m	20.30（其中自重折算 $P'_1=P'_2=3.65$）	8.68（8.51）	0.03	18.32（17.95）	0.14	100
ZL203	250×600×5500	5400	3.75	集中荷载 $P_1=57.9kN$ $P_2=54.1kN$ X=1.75m、3.75m	63.00（其中自重折算 $P'_1=P'_2=7.88$）	4.03	0.01	8.01	0.07	100

荷载挠度曲线见下图：

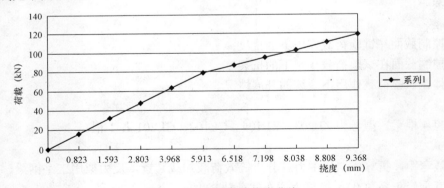

图1 ZL104梁荷载挠度曲线

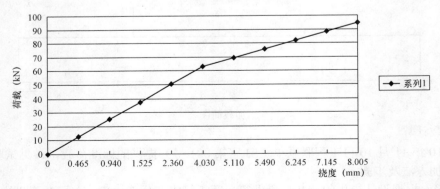

图2 ZL203梁荷载挠度曲线

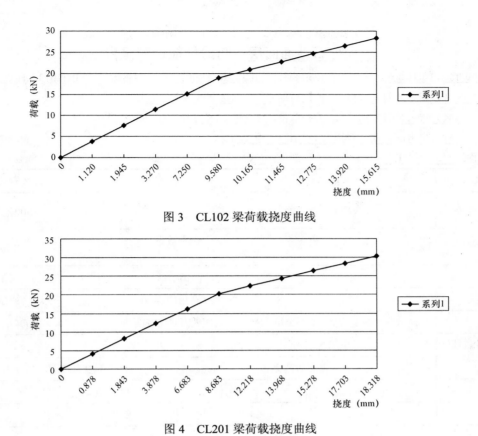

图 3　CL102 梁荷载挠度曲线

图 4　CL201 梁荷载挠度曲线

大理石地面面层 防滑性能检测报告

委托编号： WT2013-KH-001　　　　记录编号： JL2013-KH-001　　　　报告编号： BG2013-KH-001

委托日期：××××年××月××日　　检测日期：××××年××月××日

报告日期：××××年××月××日　　委托单位：××省第 N 建设集团有限公司

工程名称：××省××电厂×期×号机"上大压小"扩建工程

单位工程名称： ×××工程　　　　　工程部位： ××× 地面

样品名称	×××面砖	生产厂家	××有限公司
（面层）材料种类	大理石	规格 mm	500×500
合格证编号	×××××	代表数量 m²	150
质量等级	××	防滑等级	安全
状态描述	完好	检测地点	现场（或试验室）
见证单位	××省××建设监理有限公司	见证人及证书编号	×××/×电第××号
取样人及证书编号	×××/×电第××号	送 样 人	×××

项目	干态表面防滑系数		湿态表面防滑系数	
技术要求	单个值	平均值	单个值	平均值
	≥0.50	≥0.50	≥0.50	≥0.50
检测值	0.69	0.68	0.62	0.63
	0.68		0.64	
	0.68		0.62	

检测依据：JC/T1050—2007《地面石材防滑性能等级划分及试验方法》

评定依据：JC/T1050—2007《地面石材防滑性能等级划分及试验方法》

结 论：依据 JC/T1050—2007《地面石材防滑性能等级划分及试验方法》，所检地面防滑等级符合设计要求

备 注：
1. 本报告无本单位检测或试验报告专用章无效；
2. 本报告无检测或试验人、审核人、批准人签名无效；
3. 本报告涂改无效；
4. 复制报告未重新盖本单位检测或试验报告专用章无效。

检测单位（章）：　　　批准：　　　审核：　　　检测：

检测单位地址：

联系电话：